Der Mensch und sein Vorfahre

: Eine Studie zur Evolution

Charles Morris

Writat

Diese Ausgabe erschien im Jahr 2023

ISBN: 9789359258010

Herausgegeben von
Writat
E-Mail: info@writat.com

Inhalt

VORWORT

Es wäre schwierig, in diesem Zeitalter der Welt einen intelligenten Menschen zu finden, der keine Theorie oder Meinung zum Ursprung des Menschen hat, und vielleicht fast genauso schwierig, einen solchen Menschen zu finden, der einen guten und ausreichenden Grund dafür angeben kann Glaube, der in ihm ist. Dies gilt insbesondere für diejenigen, die den Menschen als ein Produkt der Evolution betrachten, als ein natürliches Ergebnis aus der Welt des niederen Lebens, da hier nicht einfacher Glaube oder antike Autorität ausreicht, wie in der Schöpfungshypothese, sondern wissenschaftliche Beweise und logische Argumente sind notwendig. Es soll dieser Leserklasse die Möglichkeit geben, die Qualität und Angemessenheit ihrer Überzeugung zu testen, dass dieses Buch erstellt wurde.

Die Frage nach dem evolutionären Ursprung des Menschen ist von neueren Autoren keineswegs vernachlässigt worden, wurde jedoch hauptsächlich als Randthema in Werken mit einem weitergehenden Zweck und größtenteils in technischer Sprache behandelt, die für den Wissenschaftler einfach, aber schwierig ist an den allgemeinen Leser. Das einzige Werk, das dieses Thema zum Hauptthema macht, Darwins „Abstammung des Menschen", fügt ihm eine noch längere Abhandlung über „Sexuelle Selektion " hinzu, so dass man nicht sagen kann, dass das Thema des evolutionären Ursprungs des Menschen bereits behandelt wurde mit für sich allein. Darüber hinaus ist Darwins Werk mittlerweile fast dreißig Jahre alt und insofern antiquiert, kann aber bestenfalls nicht als für die allgemeine Lektüre geeignet angesehen werden.

Aus diesen Überlegungen entstand das vorliegende Werk, in dem versucht wurde, das Thema der Herkunft des Menschen auf populäre Weise darzustellen, sich mit den verschiedenen bedeutenden Tatsachen zu befassen, die seit Darwins Zeit entdeckt wurden, und bestimmte Linien darzulegen Beweise, die in diesem Zusammenhang noch nie zuvor vorgelegt wurden und die dem allgemeinen Argument viel Kraft zu verleihen scheinen.

Das Thema ist von so weitreichendem Interesse, dass es wahrscheinlich ist, dass eine einfache und kurze Darstellung davon akzeptabel sein wird, sowohl um denjenigen, die grundsätzlich Evolutionisten sind, zu ermöglichen, zu erfahren, auf welchen Grundlagen ihre Akzeptanz dieser Phase der Evolution steht, als auch um Helfen Sie denjenigen, die über die gesamte Frage der Entstehung des Menschen unschlüssig sind, zu einer festen Schlussfolgerung zu gelangen. Zu diesem Zweck wurde dieses kleine Buch ins Leben gerufen, in der Hoffnung, dass es einige Zweifler an Land bringen und einigen Gläubigen die grundlegenden Elemente ihres Glaubens vermitteln kann.

I
EVOLUTION VERSUS SCHÖPFUNG

Bei jeder Betrachtung des Ursprungs des Menschen sind wir notwendigerweise auf zwei Ansichten beschränkt: erstens, dass er das Ergebnis einer Entwicklung aus niederen Tieren ist; der andere, dass er durch direkte Schöpfung entstanden ist. Es lässt sich kein dritter Entstehungsmodus ausdenken, und wir können uns getrost auf die Überprüfung dieser beiden Behauptungen beschränken. Sie sind in jeder Hinsicht die Gegensätze voneinander. Die Schöpfungslehre ist fast so alt wie der denkende Mensch; Die Evolutionslehre gehört praktisch zu unserer eigenen Generation. Ersteres ist nicht beweisbar; Letzteres hängt ausschließlich von Beweisen ab. Ersteres basiert auf Autorität; Letzteres im Ermittlungsverfahren. Die Lehre von der direkten Schöpfung kann lediglich behauptet, nicht argumentiert werden; Nachdem die Aussage einmal gemacht wurde, gibt es nichts mehr zu sagen; Es ist schlicht und einfach ein *ipse dixit* . Im Gegensatz dazu ist die Evolutionslehre, die auf gesicherten Tatsachen beruhen muss, völlig offen für Argumente und hängt für ihre Akzeptanz von der Stärke und Gültigkeit der für sie sprechenden Beweise ab.

Wenn die Lehre von der unmittelbaren Erschaffung des Menschen ursprünglich in unserer Zeit aufgestellt worden wäre, wäre sofort ein Beweis für diese Behauptung verlangt worden, und der einzige zulässige Beweis wäre der von Zeugen des Schöpfungsaktes gewesen. Es hätte natürlich keine menschlichen Zeugen geben können, da es vorher keine menschlichen Wesen gegeben hätte, und Zeugen, die nicht menschlich sind, haben heutzutage vor unseren Gerichten kein Ansehen. Wie der Fall aussieht, entstand die Lehre jedoch in einer Zeit, in der sich der Mensch nicht um Beweise kümmerte, sondern sich damit zufrieden gab, seine Meinungen auf Autorität hin zu akzeptieren; und seltsamerweise wird dies von vielen als ein Pluspunkt für das Werk angesehen, da es in ihren Augen eine Authentizität aus der Antike erlangt. Es wird tatsächlich behauptet, dass sie von göttlicher Autorität gestützt wird, aber dies ist eine Behauptung, die in den Worten der Aussage selbst keine Berechtigung hat und die auch keine Form von Worten rechtfertigen könnte. Um dies zu beweisen, wären direkte und unbestreitbare Beweise der schöpferischen Kraft selbst erforderlich, und es braucht kaum gesagt zu werden, dass es solche Beweise nicht gibt. Es ist tatsächlich nicht einfach, sich vorzustellen, welche Form solche Beweise annehmen könnten. Es müsste sicherlich etwas weitaus Überzeugenderes sein als eine Aussage in einem Buch.

Für die zivilisierte Menschheit wäre es vielleicht besser gewesen, wenn die ersten Seiten der Genesis nie geschrieben worden wären, da sie eine wichtige Rolle dabei gespielt haben, die Entwicklung des Denkens zu bremsen. Die darin enthaltenen kosmologischen Lehren können nach heutigem Stand nicht einmal mehr den Anschein göttlicher Autorität für sich beanspruchen, da sie eindeutig auf einen menschlichen Ursprung zurückgeführt werden. Kürzlich wurde entdeckt, dass es sich lediglich um eine Neuformulierung der babylonischen Kosmologie handelt, wie sie in einer literarischen Produktion wiedergegeben wird, die weit älter ist als die Bibel, einem epischen Gedicht sehr weit zurückliegenden Datums. Sie sind zweifellos ein Ergebnis der kosmologischen Ideen des frühen Menschen, und diejenigen, die sie akzeptieren, müssen dies auf der Grundlage des Glaubens an ihre Wahrscheinlichkeit tun; es ist nicht mehr zulässig, für sie die Glaubwürdigkeit göttlicher Herkunft zu beanspruchen.

Die moderne Wissenschaft verlangt zwingend Fakten zur Untermauerung jeder Behauptung, das Wort „Glaube" hat in ihrem Lexikon keinen Platz. Zur Stützung der Schöpfungslehre fehlen absolut und zwangsläufig Fakten, und das einzige Argument, das ihre Befürworter vorbringen können, ist eines, das sich mit Negativem befasst und dessen Annahme mit der Begründung verlangt, dass die entgegengesetzte Lehre nicht bewiesen wurde. Ein solches Argument ist wertlos. Die Widerlegung einer Aussage ist niemals ein Beweis für eine andere. Seine Wirkung besteht lediglich darin, dass beide unbewiesen bleiben und daher keines von beiden für die Annahme in Frage kommt. Im vorliegenden Fall ist das Gewicht der Widerlegung gering. Die Fakten, die die Evolutionshypothese stützen, sind vielfältig und viele davon von großer Aussagekraft; Es gibt nur wenige Fakten, die dagegen sprechen, und keiner davon ist absolut. Es wird lediglich argumentiert, dass einige Fragen noch ungelöst sind und dass es Tatsachen gibt, die mit der Darwinschen Entwicklungstheorie unvereinbar zu sein scheinen und die durch keine ergänzenden Hypothesen erklärt wurden. Aber kein Befürworter der Evolution hält die darwinistische Theorie für endgültig. Evolution ist eine wachsende Lehre. Es hat seit seiner ersten Veröffentlichung immer weiter zugenommen. Verschiedene scheinbare Schwierigkeiten wurden wegerklärt, und es ist durchaus möglich, dass alle verschwinden, wenn die Ermittlungen ausgeweitet werden. Keine derartigen Argumente verleihen der gegenteiligen Ansicht Gewicht, die in der Wissenschaft keinen Stellenwert hat und auch nie haben könnte, da es unmöglich ist, irgendwelche Fakten anzuführen, die sie untermauern. Wir werden es daher aus der weiteren Betrachtung ausschließen und dazu übergehen, bestimmte allgemeine Tatsachen zugunsten der Evolutionshypothese über den Ursprung des Menschen anzuführen.

II
Überreste der Abstammung des Menschen

Als die Menschen vor einigen Jahrhunderten begannen, in den Felsen fossile Überreste von Tieren zu finden, erschütterte dies die vorherrschende Lehre von der jüngsten Erschaffung der Erde. Die Anhänger der alten Theologie unternahmen große Anstrengungen, diesen unwillkommenen Umstand zu erklären. Die gefundenen Muscheln waren von Pilgern auf dem Weg nach Jerusalem abgeworfen worden; es waren mineralische Nachbildungen von Muscheln; sie waren von der Gottheit erschaffen und dort platziert worden, wo sie gefunden wurden; Sie waren alles andere als das, was sie zu sein schienen, die vorhandenen Zeugnisse einer langen, uralten Periode des Tierlebens, die sehr weit über das angenommene Schöpfungsdatum hinausreichte.

Es braucht kaum gesagt zu werden, dass diese Erklärungen, insbesondere die, dass Gott fossile Formen geschaffen habe, um den Menschen aus einem unverständlichen Grund zu täuschen, nicht lange aufrechterhalten werden konnten. Einige von ihnen widersprachen den Tatsachen, andere widersprachen dem gesunden Menschenverstand, und mit der Zeit wurde überall zugegeben, dass die Erde von ferner Dauer ist und seit unzähligen Zeitaltern von Tieren und Pflanzen bewohnt wird. Seine Struktur offenbarte seine Geschichte; Es wurde festgestellt, dass seine Annalen in die Felsen geschrieben waren. Seine Anatomie war voller Beweise seiner Herkunft.

Als die Menschen vor nicht allzu langer Zeit begannen, die fossilen Überreste antiker Strukturen im Körper des Menschen selbst zu finden, sah sich die Theologie mit einem Problem konfrontiert, das von ihrem speziellen Standpunkt aus ebenso schwer zu erklären war wie das der Fossilien in den Felsen. So wie Letzterer die Lehre von der besonderen Schöpfung der Erde bedroht und schließlich widerlegt hatte, so griff ersterer die Lehre von der besonderen Schöpfung des Menschen an und vernichtete sie in den Köpfen vieler bedeutender Wissenschaftler. Es stellte ein herausragendes Argument für die Theorie der organischen Evolution dar und muss daher hier als geeignete Grundlage für unser spezielles Thema berücksichtigt werden.

Die erwähnten Strukturen können mit Fug und Recht als Fossilien bezeichnet werden, da sie einen starken Beweis dafür liefern, dass es sich um nutzlose Überreste von Strukturen handelt, die im Körper einiger früherer Tiere eine aktive Rolle spielten. Ein bedeutendes Beispiel hierfür ist der Blinddarm vermiformis, ein schmaler, blinder Schlauch, der vom Blinddarm des Menschen ausgeht und schädlich statt nützlich ist, da er der Ursprung der häufig tödlichen Krankheit ist, die als Blinddarmentzündung bekannt ist. Diese Röhre, die normalerweise 3 bis 6 Zoll lang und so dick wie eine

Gänsefeder ist, fehlt beim Menschen gelegentlich und ist gelegentlich von beträchtlicher Größe. Im menschlichen Embryo ist er im Vergleich zu den anderen Därmen recht groß, hört jedoch nach einem bestimmten Entwicklungsstadium auf zu wachsen. Der Blinddarm ist bei einigen der niederen Gemüse fressenden Tiere außerordentlich lang, und der Wurmfortsatz scheint ein Rudiment des früher verlängerten Teils dieses Organs zu sein. Bei den Menschenaffen ist es groß , insbesondere beim Orang, bei dem es sehr lang und spiralförmig gewunden ist. Sein Überleben im Menschen als nutzloses und gefährliches abgetriebenes Organ ist ein starkes Argument für seine Abstammung von den niederen Tieren.

Im Gehirn des Menschen und vieler niederer Wirbeltiere hängt ein kleiner runder oder herzförmiger Körper von etwa der Größe einer Erbse an zwei Stielen oder Nervenfasersträngen am Thalami oder am Sehnervenbett , bekannt als Zirbeldrüse. Es fehlt ihm so sehr an offensichtlicher Funktion, dass Descartes ihm mangels einer wahrscheinlicheren Erklärung für seine Existenz die edle Pflicht zuschrieb, als Sitz der Seele zu dienen. Spätere Forschungen waren erfolgreicher bei der Verfolgung dieses Organs bis zu seinem Versteck. Es ist beim Embryo größer als beim erwachsenen Menschen, bei einigen niederen Wirbeltieren noch größer, und bei bestimmten Eidechsen wurde festgestellt, dass es in Form eines Auges existiert, dessen Teile unter dem Mikroskop deutlich zu unterscheiden sind. Es befindet sich in der Mitte der Stirn, zwischen den anderen Augen, und war zweifellos ein aktives Sehorgan einiger alter Batrachier.

Das Zirbeldrüsenauge, wie es heute genannt wird, war einst nützlich und lange Zeit nutzlos und hat sich als fossile Struktur über eine weitaus längere Entwicklungslinie erhalten. Man kann sich keinen überzeugenderen Beweis dafür wünschen, dass der Mensch seinen Körper durch die Abstammung von niederen Tieren erlangt hat, als das Überleben dieses wunderbar bedeutsamen Überrests eines ehemals nützlichen Organs im menschlichen Gehirn. Wie viele andere Überreste antiker Orgeln ist es nicht nur nutzlos, sondern auch schädlich. Gelegentlich vergrößert es sich und wird zum Sitz großer und komplizierter Tumoren, die durch Kompression des Gehirns zum Tod führen können.

Zwei weitere Strukturen, die den meisten Wirbeltieren gemeinsam sind, existieren beim Menschen, obwohl sie ihm kaum oder gar keinen Nutzen bringen. Dabei handelt es sich um die Thymusdrüse und die Schilddrüse, offenbar verkümmerte Strukturen. Die Thymusdrüse erreicht beim Embryo eine beträchtliche Entwicklung und schrumpft beim Erwachsenen auf den geringsten Rest zusammen. Es beginnt sich schon früh im Embryonalleben als epithelialer Auswuchs aus dem Hals zu bilden und erstreckt sich vom Hals bis in die Brust. Nach der Geburt wächst es weiter, beginnt aber später zu schrumpfen und verschwindet beim Erwachsenen fast vollständig.

Die Schilddrüse hat einen etwas ähnlichen Ursprung: Sie beginnt als Einwuchs vom unteren Teil des Rachens und erstreckt sich bis zum unteren Teil des Halses. Anschließend verliert es seine Verbindung zum Rachenraum und bildet im Erwachsenenalter eine zweilappige Struktur auf beiden Seiten der Luftröhre. Wie die Thymusdrüse handelt es sich um eine Drüse ohne Blutgefäße, die reichlich mit Blutgefäßen ausgestattet ist und eine große Anzahl kleiner Hohlräume besitzt, die mit Zellen ausgekleidet sind und ein unlösliches Gel enthalten. Soweit es den Anschein hat, sind beide Drüsen für den Menschen nutzlos oder nahezu nutzlos; oder wenn die Schilddrüse einen nützlichen Dienst leistet , dann ist es ein geringfügiger und unklarer. Solche Funktionen könnten wahrscheinlich von einigen anderen Organen übernommen werden, während es als Sitz des Kropfes geradezu schädlich ist . Diese unansehnliche Krankheit ist auf ihre Vergrößerung zurückzuführen, entweder durch eine starke Vergrößerung der Blutgefäße oder durch eine Entwicklung der Kapseln und eine Zunahme der darin enthaltenen Gallerte. Dr. SV Clevenger geht davon aus, dass diese Organe einen verzweigten oder respiratorischen Ursprung haben, und sagt, dass es viele Gründe für die Annahme gibt, dass es sich dabei um rudimentäre Kiemen handelt. Owen sagt, dass die Thymusdrüse bei Wirbeltieren mit der Etablierung der Lunge als Haupt- oder ausschließliches Atmungsorgan auftritt. Es fehlt bei allen Fischen, auch bei den kiementragenden Batrachien, Sirenen und Proteus. Die Schilddrüse kommt bei Fischen vor, und Gegenbaur glaubt, dass sie in ihrem früheren Existenzzustand ein nützliches Organ für die Tunicata gewesen sein könnte .

Dr. Clevenger weist im *American Naturalist* vom Januar 1884 auf eine weitere merkwürdige Struktur im Menschen hin, deren Bedeutung bisher nicht beobachtet worden zu sein scheint. Dies ist eine seltsame und auffällige Tatsache im Zusammenhang mit der Bildung der Venen. Es ist bekannt, dass diese Organe Klappen besitzen, die den freien Aufwärtsfluss des Blutes in Richtung des Herzens ermöglichen, aber seinem Abstieg durch die Wirkung der Schwerkraft widerstehen und auf diese Weise seinen Rückfluss aus den Extremitäten unterstützen. Bei allen Vierbeinern gilt die Regel, dass die vertikalen Venen Klappen besitzen, während sie in den horizontalen Venen fehlen, bei denen sie keinen Nutzen hätten. Es besteht jedoch die einzigartige Tatsache, dass im menschlichen Rumpf die Klappen in den horizontalen Venen liegen und in den vertikalen Venen fehlen. Mit anderen Worten: Sie existieren dort, wo sie für ihren scheinbaren Zweck nutzlos sind, und fehlen dort, wo sie nützlich wären.

Die einzige vernünftige Schlussfolgerung, die aus dieser seltsamen Tatsache gezogen werden kann, ist, dass wir es hier mit einer versteinerten Struktur zu tun haben, einem funktionslosen Überbleibsel. Dies führt unwiderstehlich zu der Schlussfolgerung, dass der Mensch von einem vierbeinigen Vorfahren abstammt und dass die Struktur der Venen, obwohl sie nicht ernsthaft schädlich war, unverändert blieb, als sein Körper die aufrechte Position einnahm. Diejenigen, die vertikal waren, wurden horizontal und behielten ihre jetzt nutzlosen Ventile; diejenigen, die horizontal waren, wurden vertikal und blieben ohne Ventile. Die in beiden Formen vertikalen Venen der Arme und Beine behielten ihre Klappen.

Dr. Clevenger weist darauf hin, dass die Interkostalvenen, die das Blut fast horizontal nach hinten zu den Azygos-Venen transportieren und bei Vierbeinern vertikal nach oben verlaufen würden, Klappen besitzen. Diese sind für den Menschen nicht nur nutzlos, sondern behindern auch den freien Blutfluss, wenn er auf dem Rücken liegt. Ebenso sind die unteren Schilddrüsenvenen, deren Blut in das Innominum fließt, an der Verbindungsstelle durch Klappen verstopft.

Wir zitieren von ihm wie folgt: „Es gibt zwei Klappenpaare in der äußeren Halsschlagader und ein Paar in der inneren Halsschlagader, aber in Anerkennung ihrer Nutzlosigkeit verhindern sie weder das Aufstoßen von Blut noch das Aufsteigen von Flüssigkeiten. Es besteht eine offensichtliche Anomalie das Fehlen von Klappen an Stellen, an denen sie am meisten benötigt werden, wie in den Venen Höhle , Wirbelsäule, Darmbein, Hämorrhoiden und Portal. Die Azygos-Venen haben unvollständige Klappen. Wenn man Menschen auf „alle Viere" setzt, ist das Gesetz, das das Vorhandensein und Fehlen von Klappen regelt, sofort offensichtlich und, soweit ich feststellen konnte, auf alle vierbeinigen und vierbeinigen Tiere anwendbar: *Die Rückenvenen sind mit Klappen versehen; Kopf-, Bauch- und Schwanzvenen haben keine Klappen.* "

Von den wenigen Ausnahmen von dieser Regel betrachtet er die Klappen der Halsvenen als veraltet und die rudimentären Azygos-Klappen als eine neuere Entwicklung. Klappen in den Hämorrhoidalvenen wären bei Vierbeinern fehl am Platz, aber ihr Fehlen beim Menschen stellt einen schwerwiegenden Defekt in seiner Organisation dar, da die daraus resultierende Blutansammlung die quälende Krankheit namens Hämorrhoiden hervorruft. Das Vorhandensein von Ventilen würde dies verhindern.

Niemand kann behaupten, dass dieser nutzlose und in gewisser Weise schädliche Zustand ein geplantes Ergebnis der Schöpfung ist. Tatsächlich könnte es keinen stärkeren Beweis dafür geben, dass der Mensch von einem vierbeinigen Vorfahren abstammt. Dr. Clevenger weist auf weitere schwerwiegende Folgen der aufrechten Körperhaltung hin, von der Vierbeiner frei sind. Eine davon ist die Anfälligkeit für einen Leistenbruch oder Leistenbruch, der beim Menschen zu viel Leid und häufigem Tod führt.

Prolapsis uteri ist ein weiteres, und ein drittes, auf das er besonders anspielt, sind Schwierigkeiten bei der Geburt.

Es wurde oben vermutet, dass die Schilddrüse möglicherweise von geringerer funktioneller Bedeutung ist und dass die Thymusdrüse im Embryo ausreichend entwickelt ist, um funktionsfähig zu sein. Was Letzteres betrifft, wird wahrscheinlich niemand behaupten, dass ein Akt der direkten Schöpfung die Herstellung eines Organs von geringem und unklarem Nutzen für den Embryo einschließen würde, das im späteren Leben jedoch nutzlos ist. Die hohe Wahrscheinlichkeit ist, dass diese Drüse in die gleiche Kategorie gehört wie andere embryonale Überreste, auf die noch hingewiesen werden muss. Was die scheinbare Funktion der Schilddrüse betrifft, kann man sagen, dass das überlebende Relikt eines alten Funktionsorgans durchaus in der Lage ist, seine Struktur zu verändern und eine neue Funktion von geringerem Wert anzunehmen, die ohne sein Fehlen unerfüllt bleiben würde von einigen anderen Organen übernommen werden.

Ein hochinteressantes Beispiel hierfür ist die Schwimmblase des Fisches, bei der es guten Grund zu der Annahme gibt, dass sie das Überbleibsel einer antiken Struktur ist, die einem ganz anderen Zweck diente. Nach Ansicht des Autors [1] wurde es ursprünglich als Luftatmungsorgan in einer sehr alten halbamphibischen Fischklasse entwickelt, von der die heute existierenden Knochenfische abstammen. Als letztere die Kiemenatmung wieder aufnahm, verlor dieses Organ seine ursprüngliche Funktion, und seine weitere Geschichte ist merkwürdig und bedeutsam. Bei einigen modernen Fischen ist es ganz verschwunden. In anderen Fällen existiert es als winziger und nutzloser Überrest, nicht größer als eine Erbse. In vielen Fällen wurde sie in die Schwimmblase umgewandelt und erfüllt in dieser Form einen nützlichen Zweck, variiert jedoch in Form und Größe sehr stark. Schließlich behält es in einigen Fällen ein gewisses Maß an seiner wahrscheinlich ursprünglichen Funktion der Luftatmung bei. Es ist eine sehr bedeutsame Tatsache, dass Fische ohne Schwimmblase durch das Fehlen der Schwimmblase keinen Nachteil zu haben scheinen, sondern dass sie sich genauso gut vertikal durch das Wasser bewegen können wie diejenigen, die dieses Organ besitzen. Man geht daher davon aus, dass es für den Fisch von geringem Nutzen ist und dass seine Verwendung zu diesem Zweck lediglich eine Folge seines Überlebens und seines Charakters ist. Ein solches Organ hätte niemals als Hilfsmittel beim Schwimmen entwickelt werden können, da sein Schrumpfen zu einem nutzlosen Rudiment in einigen Fällen und sein völliges Aussterben in anderen Fällen zeigen, dass diese Funktion in keiner Weise notwendig ist. Es ist da und hat seinen alten Zweck verloren und ist in manchen Fällen einem anderen Zweck angepasst; das ist alles, was man sagen kann.

Der Mensch ist das einzige haarlose Säugetier – oder bis auf wenige Teile seines Körpers haarlos. Dennoch ist der ganze Körper mit einem dünnen Haarwuchs bedeckt, der keinen Schutz bietet und nur als Überbleibsel der Säugetierhülle erklärbar ist. Die teilweise starke Behaarung deutet auf eine solche Entstehung hin. Dies gilt nicht nur für Einzelpersonen, sondern auch für Stämme oder Rassen, wie im Fall der Ainos in Japan und einiger Pygmäen in Afrika. Für das Verschwinden der Haare beim Menschen gibt es keine eindeutige Ursache. Darwins Ansicht, dass es sich möglicherweise um eine Folge der sexuellen Selektion handelte, scheint die wahrscheinlichste Erklärung zu sein. Dies ist sicherlich beim Bart der Fall, dessen Fehlen bei Frauen zeigt, dass er keinen Nutzen hat, und dessen Vorhandensein beim Mann mit den vielen Strukturen bei männlichen Tieren übereinstimmt, die offenbar auf diese Form der Selektion zurückzuführen sind.

Darwin hat auf eine sehr merkwürdige Eigentümlichkeit der Haare beim Menschen hingewiesen und diese erklärt, die ohne die Theorie der Abstammung absolut unerklärlich ist. Dies liegt daran, dass die Haare an den Armen des Menschen von oben und unten zum Ellenbogen gerichtet sind und somit am Ober- und Unterarm in entgegengesetzte Richtungen wachsen. Die gleiche Besonderheit besteht bei den größeren Menschenaffen und einigen Gibbons, nicht jedoch bei den niederen Säugetieren. Es wird angenommen, dass dies bei den Affen auf die Gewohnheit zurückzuführen ist, den Kopf vor Regen zu schützen, indem sie ihn mit den Händen bedecken und die Haare so drehen, dass der Regen ungehindert in beide Richtungen in Richtung des gebeugten Ellenbogens abfließen kann. Dies ist beim Menschen so nutzlos, dass es nur als Überleben erklärt werden kann.

Es gibt noch einige andere Überreste antiker Strukturen im Menschen, auf die ein flüchtiger Hinweis genügen muss. Im Auge des Menschen befindet sich eine winzige Membran, die Halbmondfalte, die für seine Wirtschaft absolut nutzlos ist. Es gibt allen Grund zu der Annahme, dass es sich hierbei um das Rudiment einer Membran handelt, die bei vielen Tieren vollständig entwickelt ist und besonders für Vögel von Nutzen ist: die Nickhaut oder das dritte Augenlid. Auch hier haben die Muskeln, die bei vielen Tieren, insbesondere bei Pferden, die Haut bewegen, in vielen Teilen des menschlichen Körpers inaktive Überreste hinterlassen. Diese sind normalerweise nur im Stirnbereich aktiv, wo sie zum Anheben der Augenbrauen dienen, gelegentlich werden sie aber auch an anderen Stellen aktiv. Daher gibt es einige Personen, die die Haut der Kopfhaut bewegen können. Darwin zitiert einige, die auf diese Weise schwere Bücher vom Kopf werfen konnten. Das Gleiche gilt für die rudimentären Muskeln des Ohrs. Es gibt Menschen, die ihre Ohren genauso bewegen können wie die niederen Tiere. Auch hier kann das gesamte Außenohr als rudimentäre Struktur betrachtet werden, da es das Gehör des Menschen offenbar nicht unterstützt.

Was das spitze Ohr des wahrscheinlichen Vorfahren des Menschen betrifft, macht Darwin auf etwas aufmerksam, das beim Menschen eine Spur der verlorenen Spitze zu sein scheint.

Wenn man diese Überlegung weiterführt, könnte man fragen: Welchen Nutzen haben die fünf Zehen für den Menschen? Hätte ein fester Fuß den Zweck des Gehens nicht ebenso gut erfüllt? Als Überbleibsel sind sie jedoch völlig erklärlich, da sie für viele niedere Tiere unentbehrlich sind. Es kann auch die Nützlichkeit der großen Anzahl von Knochen im Handgelenk und in der Ferse des Menschen in Frage gestellt werden. Die gleiche Flexibilität des Gelenks hätte sicherlich auch mit einer geringeren Anzahl von Knochen erreicht werden können. Erst wenn diese auf ihren wahrscheinlichen Ursprung in den Gehorganen des Fischvorfahren der Batrachianer zurückgeführt werden, wird ihr Vorhandensein erklärbar. Sie sind offenbar Überreste einer sehr alten Struktur, die ursprünglich zum Schwimmen und zum Gehen geeignet war.

Was das Handgelenk des Menschen betrifft, so wurde eine merkwürdige Vorhersage gemacht und bestätigt, dass ein bestimmter Knochen, der bei einigen niederen Tieren vorkommt, das *Os centrale* , auch beim Menschen vorkommen würde, wobei er als sehr kleines Rudiment im menschlichen Embryo entdeckt wurde. Der Schwanz, der bei den niederen Tieren so häufig vorkommt, bei den höheren Affen und beim Menschen jedoch fehlt, ist nicht verschwunden, ohne Spuren zu hinterlassen. Beim menschlichen Embryo ist dies deutlich zu erkennen; und während es beim Menschen nach dem Embryostadium verschwindet, ist es einfach unter der Haut verborgen, wo seine Wirbel noch sichtbar sind, normalerweise drei, manchmal vier oder fünf an der Zahl. Darüber hinaus haben die Muskeln, die den Schwanz bewegen, Spuren hinterlassen, die sich nicht selten zu echten Muskeln entwickeln.

Tatsächlich befinden wir uns im menschlichen Embryo inmitten höchst bedeutsamer Hinweise auf die Herkunft des Menschen. Der Körper des Menschen durchläuft in seiner frühen Entwicklung eine Reihe von Stadien, in denen er jeweils dem reifen oder embryonalen Zustand bestimmter Tiere in einem niedrigeren Existenzstadium ähnelt. Es beginnt seine Existenz als einfache Zelle, deren Form der Amöbe ähnelt, einem der niedrigsten Lebewesen, und nimmt später die Gastrula-Form an, von der angenommen wird, dass sie die der frühesten vielzelligen Tiere war. Von diesem Zustand aus schreitet es in aufeinanderfolgenden Stufen voran, von denen jede eine gewisse formale Beziehung zu einer niedrigeren Klasse aufweist.

Das bedeutendste davon ist das, bei dem der Embryo durch den Besitz von Kiemenschlitzen eng an den Fisch angepasst ist. Es gibt vier dieser Öffnungen im Hals des menschlichen Fötus , und sie sind manchmal so hartnäckig, dass Kinder mit noch offenen Öffnungen geboren wurden, so dass Flüssigkeiten, die mit dem Mund aufgenommen wurden, am Hals , der Öffnung, heraussickern konnten Es reicht aus, eine dünne Sonde aufzunehmen. [2] Diese Schlitze werden im sich entwickelnden Embryo verwendet. Einer von ihnen dient einer wichtigen Aufgabe, nämlich der Umwandlung in das Außen- und Mittelohr. Somit ist die Höröffnung eine Adaption dessen, was früher eine Atemöffnung war. Gelegentlich erscheint am Hals eine ohrenartige Auswüchse, die auf den Versuch hinweist, aus einem zweiten Schlitz ein Ohr zu entwickeln. Der Zweck der Kiemenschlitze wird durch das Vorhandensein von Kiemenbögen der Blutgefäße im Embryo deutlicher, wie sie bei Fischen normal sind. Diese verschwinden gemeinsam mit den Schlitzen.

Das vorübergehende Erscheinen dieser Kiemenschlitze ist der stärkste Beweis dafür, dass der menschliche Embryo die verschiedenen Stadien durchläuft, die der Erwachsene in seiner langen Entwicklung in der Vergangenheit angenommen hat, und dass einer dieser Stadien der Fisch war. Und diese sind nur einer der Beweise für die Herkunft des Menschen, die im Embryo zu finden sind. Ein weiteres erwähnenswertes Merkmal ist das wollartige Haar, das den Fötus bedeckt unddessen Vorhandensein nur auf der Grundlage der Abstammungstheorie verstanden werden kann . Die wahrscheinlichste Erklärung ist, dass es sich um ein vorübergehendes Überbleibsel des ersten dauerhaften Haarkleides niederer Säugetiere handelt.

In den Milchzähnen des Menschen haben wir ein weiteres nutzloses und oft lästiges Überbleibsel eines uralten Zustands der Zahnorgane. Wir können uns nicht gut vorstellen, dass in irgendeiner direkten Schöpfung ein Satz provisorischer Zähne als Vorstufe für einen dauerhaften Satz bereitgestellt worden wäre – eine völlig nutzlose Bereitstellung. Wenn wir jedoch feststellen, dass in einem niedrigeren Stadium des Tierlebens die alten Zähne periodisch durch neue ersetzt werden, können wir verstehen, wie eine Spur dieses Zustands bei Säugetieren bestehen geblieben ist .

Weitere Hinweise auf die Abstammung des Menschen von niederen Tieren könnten sich aus den Phänomenen des Atavismus oder dem Stillstand der Entwicklung von Teilen oder Organen des Körpers ergeben. Atavismus ist in der Regel auf die menschliche Abstammungslinie beschränkt. Bei vielen von uns treten Erkrankungen auf, die einige unserer menschlichen Vorfahren vor einigen Generationen, gelegentlich sogar vor mehreren Generationen, gehörten. Aber hin und wieder treten Zustände auf, die für den Menschen abnormal sind, für einige der niederen Tiere jedoch normal. Diese Tendenz zeigen alle Organismen. Bei einem Pferd tauchen gelegentlich die lange verlorenen Streifen des zebraähnlichen Vorfahren wieder auf. Hin und wieder taucht eine blaue Taube, wie die Urform, in einer reinen Rasse domestizierter Vögel auf. Sogar in den Details der Anatomie taucht plötzlich ein längst verschwundener Charakter auf.

Es könnten viele Beispiele hierfür beim Menschen angeführt werden, die verschiedene Merkmale der Muskulatur und anderer innerer Organe umfassen. Die Anomalie des Klumpfußes kann als eine Umkehrung der Fußform bei den Menschenaffen angesehen werden. Dabei handelt es sich jedoch um eine Beibehaltung eines Zustands, der beim menschlichen Fötus vorhanden ist :Der Fuß ist hochgezogen und die Sohle nach innen und oben gedreht. Es ist lediglich ein vorübergehendes Zeugnis des angestammten Zustands des Menschen.

Auch hier haben wir die Tatsache, dass der Mensch normalerweise nur zwölf Rippen besitzt, eine weniger als beim Gorilla und beim Schimpansen. Dies führt zu der Möglichkeit, dass der Mensch im Laufe seiner Entwicklung eine Rippe verloren hat, und ein wichtiger Beweis dafür ist die Tatsache, dass gelegentlich eine dreizehnte Rippe im menschlichen Körper auftritt.

Die funktionslosen Organe des Menschen sind, wie oben gesagt, den Fossilien in den Gesteinen insofern sehr ähnlich, als beide auf eine Zeit zurückgehen, in der sie aktiv waren, lebenswichtige Formen, die einen bestimmten Platz in der langen Reihe des tierischen Lebens oder der tierischen Struktur einnahmen . Das Argument, dass Gott die Fossilien direkt erschaffen hat, ist nicht absurder als das Argument, dass Er diese nutzlosen und manchmal schädlichen Organe direkt erschaffen hat. Es ist unmöglich, einen Grund für eine solch vergebliche Ausübung schöpferischer Macht anzugeben, es sei denn, sie sollte fälschlicherweise den Anschein erwecken, dass der Mensch aus der Welt des Lebens unter ihm hervorgegangen sei. Wird irgendjemand in diesem Zeitalter behaupten, dass Gott nutzlose und gefährliche Strukturen in den Körper des Menschen eingefügt hat, mit der unglaublichen Absicht, ihn hinsichtlich seiner Herkunft zu täuschen? Und wird weiter behauptet, dass die Gottheit ähnliche Stolpersteine wie die menschliche Vernunft in den Embryo gelegt hat, um diejenigen zu täuschen, die ihre Forschungen auf dieses niedrige Niveau ausdehnen sollten? Es wäre schwierig, sich eine absurdere Idee vorzustellen, doch es gibt keinen anderen Ausweg aus der scheinbar selbstverständlichen Tatsache, dass der Mensch ein Produkt der Evolution niederer Tiere ist und die Spuren seiner Abstammung deutlich auf sich trägt.

FUSSNOTEN:

[1] „Über die Luftblase der Fische." Verfahren der Academy of Natural Sciences of Philadelphia, 1885.

[2] Sutton, „Evolution und Krankheit".

III
RELIQUIEN DES ALTEN MENSCHEN

Wenn wir nun nach Beweisen für die Abstammung des Menschen im menschlichen Körper, in Überresten antiker anatomischer Strukturen, suchen, sondern in der Erdkruste, sehen wir uns teilweise mit Beweisen für ein hohes Alter der Menschheit konfrontiert in Geräten menschlicher Herstellung, teilweise in alten oder versteinerten Knochen des Urmenschen. Diese weisen nicht nur auf eine große Entfernung des Ursprungs hin, sondern auch auf einen sehr allmählichen Fortschritt von der niedrigsten Stufe der erfinderischen Fähigkeit zu der jetzt erreichten hohen Stufe.

Diese Relikte des Urmenschen werden von Dana in zehn Sorten unterteilt: (1) begrabene menschliche Knochen; (2) steinerne Pfeil- und Lanzenköpfe, Beile, Stößel usw.; (3) Feuersteinspäne, die bei der Herstellung von Geräten zurückbleiben; (4) Pfeilspitzen und andere Geräte aus Knochen und Hirschhorn; (5) Knochen, Zähne und Muscheln, die von Menschenhand gebohrt oder eingekerbt wurden; (6) geschnittenes oder geschnitztes Holz; (7) Knochen, Horn, Elfenbein oder Stein mit geschnitzten Figuren oder in Tierform geschnitten; (8) Markknochen, die in Längsrichtung gebrochen wurden, um das Mark als Nahrung zu gewinnen; (9) Holzkohlefragmente und andere Hinweise auf die Verwendung von Feuer; (10) Keramikfragmente.

Relikte der oben genannten Art wurden in den vergangenen Jahren immer wieder gefunden, aber ihr Alter und ihre Bedeutung wurden angezweifelt, und erst vor etwa vierzig Jahren wurde das hohe Alter des Menschen auf der Erde von Wissenschaftlern allgemein anerkannt. Der bedeutendste frühe Fund antiker Geräte wurde 1841 von Boucher de Perthes gemacht und anschließend in den hochgelegenen Kiesflächen des Somme-Tals in der Picardie, Frankreich, gemacht. In tiefen Schichten dieses Kieses, der zu einer Zeit abgelagert wurde, als der Fluss einen breiteren und höheren Kanal als heute einnahm, fand er grobe Waffen und Werkzeuge aus Feuerstein, die deutliche Zeugnisse menschlicher Kunstfertigkeit trugen, und vermischt mit Zähnen und Knochen von Tieren , sowohl lebender als auch ausgestorbener Arten. Unter den Knochen befanden sich die Knochen des Mammuts und des Haarnashorns, Arten, die offenbar zeitgleich mit dem Menschen waren, obwohl sie schon lange von der Erde verschwunden sind. Zu einem etwas früheren Zeitpunkt waren in den Höhlen Frankreichs und Belgiens Arbeitsgeräte von Menschen gefunden worden, vermischt mit Knochen von Höhlenbären, Höhlenlöwen, Hyänen und anderen Arten. Diese waren häufig unter Ablagerungen von Stalagmiten und anderen Materialien begraben, deren Ansammlung lange gedauert haben muss.

Die Bedeutung dieser Entdeckungen drängte sich lange Zeit der Aufmerksamkeit der Wissenschaftler auf. Es vergingen fast zwanzig Jahre, bis Boucher de Perthes die renommierten Geologen Frankreichs und Englands dazu bringen konnte, die Somme-Kiese zu untersuchen. Als sie dies taten, waren sie schnell vom echten Alter dieser Reliquien überzeugt und erklärten es als unbestreitbare Tatsache, dass während der sogenannten Quartär- oder Driftperiode Menschen im Somme-Tal gelebt und einfache Geräte aus Feuerstein hergestellt hatten Geologie.

Die Entdeckungen hier führten dazu, dass Männer sich aktiv an die Arbeit machten, um anderswo Nachforschungen anzustellen. Es wurden Ausgrabungen in anderen hochgelegenen Kiesschichten durchgeführt , Höhlen wurden sorgfältig und genau untersucht, die Kent-Höhle in England wurde bis auf den Felsboden ausgegraben, es wurden Dutzende wichtiger Funde gemacht, und es wurde nachgewiesen, dass das Alter des Menschen tausende bis mehrere zehn Jahre zurückreicht Tausende, wenn nicht sogar Hunderttausende von Jahren. Und die Koexistenz des Menschen mit den Tieren, deren Knochen seine Reliquien begleiteten, wurde durch unbestreitbare Beweise bewiesen, denn es wurden Zeichnungen und geschnitzte Formen dieser Tiere gefunden, die unbestreitbar bewiesen, dass der Mensch ihre lebenden Formen betrachtet hatte. So wurde auf einem Stück Mammutelfenbein die Skizze eines Mammuts gefunden, auf der die langen Haare zu sehen sind, die dazu dienten, dieses Tier vor der Kälte zu schützen, und auf einem Stück Rentierhorn eine Zeichnung einer Rentiergruppe. Es gab auch Zeichnungen des Höhlenbären, des Seehunds usw. und eine sehr interessante Gruppe, die den Auerochsen, eine Reihe von Bäumen und einen Mann zeigte, dem offenbar eine Schlange in die Ferse beißt. Die Schnitzereien bestanden aus dem Horngriff eines Dolches, der in die Form eines Rentiers geschnitten war, und anderen Formen.

Dass diese Relikte aus einer weit entfernten Zeit stammen, beweisen die stärksten Beweise. Es muss hier genügen, einige der eindrucksvollsten dieser Beweise für die Antike anzuführen. Die in St. Acheul , Frankreich, gefundenen Feuersteinbeile wurden aus einem Kiesbett gewonnen, das unter zwölf Fuß Sand und Mergel lag. Auf der Oberfläche befand sich eine Erdschicht, in der sich Gräber aus der galloromanischen Zeit befanden, was darauf hindeutet, dass es sich dort seit mindestens fünfzehnhundert Jahren befand. Der Zeitaufwand für die langsame Akkumulation der gesamten Ablagerungsserie muss sehr beträchtlich gewesen sein.

Einen viel entscheidenderen Beweis für die Antike liefert die Lage, in der dieses und ähnliche Kiesbetten liegen. Man findet sie an Flussufern in einer Höhe, die oft 30 bis 60 Meter über dem Wasserstand der Bäche liegt. Als sie abgelagert wurden, müssen die Flüsse auf dieser Höhe geflossen sein, so dass seitdem ausreichend Zeit vergangen ist, damit die Bäche ihre Täler bis zu den heutigen Tiefen abschneiden konnten. Möglicherweise hatten die Bäche früher ein größeres Volumen und eine bessere Schneidkraft, und vielleicht wurden sie durch das Eis der Eiszeit unterstützt, doch wie auch immer wir schätzen, ist die Schlussfolgerung unausweichlich, dass die Männer ihre Werkzeuge in diese Kies fallen ließen muss lange vor Beginn der historischen Zeiten auf der Erde gelebt haben.

Das Vorhandensein von Überresten von Tieren, die vor langer Zeit von der Erde verschwunden sind, ist ein weiterer Umstand, der auf hohe Antike hinweist. Dazu gehören das Mammut – der große haarige Elefant prähistorischer Zeiten – ein ausgestorbenes haarbedecktes Nashorn, der große und mächtige Höhlenbär und Höhlenlöwe, der große irische Elch und noch andere Tiere, von deren Existenz wir nur durch Zufall wissen ihre Knochen. Andere, die gemeinsam mit Menschen späterer Zeit existierten, sind das Rentier und der Moschusochse, Arten, die heute in den kältesten Regionen des Nordens leben und deren Vorkommen in Südeuropa zu dieser Zeit auf ein viel kälteres Klima als zu schließen scheint das der historischen Zeiten.

Die hier kurz vorgestellten Zeugnisse des menschlichen Altertums werden von Hinweisen auf eine allmähliche Entwicklung des menschlichen Intellekts begleitet. Wenn der Mensch „von seinem hohen Stand gefallen" ist, hat er auf seinem Weg nach unten keine Spuren dieses hohen Standes hinterlassen. Wir besitzen zahlreiche Hinweise auf seinen Aufstieg , wir finden jedoch keine Hinweise auf einen vorangegangenen Abstieg. Wenn wir unsere Meinungen auf bekannte Fakten stützen, ist die Entwicklungstheorie die einzige, die aufrechterhalten werden kann; Die Lehre vom Sündenfall ist außerhalb der Seiten der Genesis absolut unbegründet.

Die aufeinanderfolgenden Stadien der geistigen Entwicklung des Menschen, wie sie in der Arbeit seiner Hände erkennbar sind, sind gut und deutlich gekennzeichnet. Auf der untersten Ebene finden wir Werkzeuge und Waffen aus dem Paläolithikum oder der Altsteinzeit, hergestellt aus grob gesplittertem Stein, von rauer Form und niemals geschliffen oder poliert. Diese stellen einige Hinweise auf eine allmähliche Verbesserung dar, aber wir müssen auf eine höhere Ebene gehen, um Geräte deutlich höherer Ordnung zu finden, die sauber geformten und polierten Steingeräte aus der Jungsteinzeit oder Jungsteinzeit. Mit ihrem Aufkommen erscheint eine viel größere Vielfalt an Werkzeugen und Waffen sowie Beweise für eine wachsende Fertigkeit in der Herstellung und eine erheblich größere Erfindungskraft. Noch höher liegen die Ablagerungen der Bronzezeit, in der in menschlichen Geräten Metall den Stein ersetzte. Endlich erscheint das Zeitalter des Eisens, das, in dem wir uns noch befinden. Wir müssen uns nur nebenbei auf die Pfahlbauten der Schweiz mit ihren vielen interessanten Relikten des Menschen aus der späteren Stein-, Bronze- und frühen Eisenzeit beziehen; und die Küchenhaufen oder Müllhaufen auf den dänischen Inseln und anderswo, die von der alten Steinzeit bis weit in die historische Zeit reichen.

Dies ist nur ein Teil der Beweise für das Alter des Menschen und seinen allmählichen Fortschritt in der Herstellungskunst. Andere wurden in vielen Teilen der Erde gefunden. Viele von ihnen existieren in Amerika und beweisen, dass der Mensch in einer sehr fernen Zeit auf diesem Kontinent lebte. Wenn wir bedenken, dass späte Entdeckungen in Babylonien das Alter der Zivilisation und der historischen Relikte auf etwa zehntausend Jahre zurückzusetzen scheinen und dass sich die Halbzivilisation erheblich über diese Zeit hinaus ausgedehnt haben muss, scheint sich die Aussicht auf den allmählichen Fortschritt des Menschen für immer und ewig zu verflüchtigen Die Ära des Urmenschen reichte bis in eine enorm ferne Zeit zurück. Tatsächlich wurden Entdeckungen gemacht, die den Menschen angeblich über das Quartär hinaus in das Tertiär der Geologie zurückführen, da in pliozänen Ablagerungen geschnittene und zerkratzte Knochen gefunden wurden, von denen einige erfahrene Geologen glauben, dass sie das Werk von Menschen waren Hände. Noch weiter entfernt liegen einige scheinbar abgebrochene Feuersteine und Knochen, die auf menschliches Handeln hindeuten und in Ablagerungen aus dem sehr weit entfernten Miozän gefunden wurden. Die enorme Abgeschiedenheit dieser Epoche und die Unhöflichkeit der Arbeit haben große Zweifel an der menschlichen Herkunft dieser Überreste aufkommen lassen, obwohl ihre Authentizität als menschliches Werk von mehreren kompetenten Beobachtern, darunter dem fähigen Anthropologen Quatrefages, akzeptiert wurde .

Wenn wir uns jedoch auf die allgemein akzeptierten Schlussfolgerungen über den antiken Menschen beschränken, müssen wir sagen, dass er nicht eindeutig über die Eiszeit hinaus zurückverfolgt werden konnte, obwohl einige der Relikte in den älteren Flusskiesen und in der untersten Höhle gefunden wurden Ansammlungen können durchaus aus der Zeit vor der Eiszeit stammen. Viele Geologen gehen davon aus, dass er Europa bereits zu den ausgestorbenen Säugetieren erreichte, mit denen er dort zusammenlebte. Es lässt sich jedoch nicht sagen, wie weit dies in die Vergangenheit zurückreichen würde.

Kommen wir nun zu den unmittelbareren menschlichen Relikten, den Knochen des Menschen selbst, muss gesagt werden, dass es nicht viele gut authentische Überreste paläolithischer oder frühneolithischer Menschen gibt. Solange der Mensch seine Knochen den alleinigen Kräften der Natur überließ, war es unwahrscheinlich, dass sie erhalten blieben. Von den Menschenaffen Europas, von denen es wahrscheinlich zahlreiche Individuen gibt, sind nur wenige Überreste einer oder zweier Arten erhalten. Vom präglazialen Menschen ist nichts mehr übrig, aber das deutet vielleicht nur darauf hin, dass er das Schicksal zahlreicher anderer Arten geteilt hat, die ausgestorben sind und keine Spuren hinterlassen haben. Erst als die zunehmende Kälte den Menschen aus den offenen Wäldern vertrieb und in Höhlen Schutz suchte, war es wahrscheinlich, dass Reste seines Körpers konserviert wurden, und erst als ein wachsendes Gefühl der Menschenwürde zur Kunst der Bestattung und zur Erhaltung seiner Knochen führte wurde versichert.

Die Bestattungskunst wurde offenbar weder von den Jägern der Flussdriftzeit noch von Männern noch früherer Zeit praktiziert. Die einzigen bekannten Überreste des Urmenschen stammen aus Höhlen und Felsunterkünften. In diesen Situationen wurden zahlreiche menschliche Schädel entdeckt und in einigen Fällen wurden Skelette exhumiert. In der Jungsteinzeit wurden Bestattungen häufiger und sorgfältiger durchgeführt, und der Fortschritt dieser Zeit ist durch viele menschliche Überreste gekennzeichnet, die in späteren Zeiten in kunstvoll gebauten Steingräbern begraben wurden, die manchmal aus massivem Material bestanden und von großen Erdhügeln bedeckt waren .

Was mit der Eiszeit gemeint ist, ist den meisten Lesern wahrscheinlich wohlbekannt, aber aufgrund der engen Beziehung zum antiken Menschen ist es für diejenigen, die mit seiner Bedeutung nicht vertraut sind, wichtig, dass hier eine oberflächliche Beschreibung gegeben wird. Es genügt zu sagen, dass es in weiten Teilen der nördlichen Teile Amerikas und Europas Ansammlungen von Ton, Sand und Kies gibt, die manchmal in geschichteten Schichten abgelagert, manchmal grob zusammengestapelt sind. In diesen kommen große und kleine Steinblöcke vor, und an isolierten Orten findet man auch andere Blöcke, gelegentlich von großer Größe. Die festen Steine, die unter diesen Haufen liegen, sind oft zerkratzt oder poliert, als ob das Material mit großer Kraft darüber geschoben worden wäre.

Alle Geologen glauben heute, dass diese Ansammlungen durch Eis entstanden sind, zu einer fernen Zeit, als auf der Nordhalbkugel ein sehr kaltes Klima herrschte und große Gletscher langsam ihren Weg nach Süden bahnten, dabei knirschend und zerrissen und das Land unter ihrem Berg begruben -ähnliche Haufen, die manchmal eine Meile oder mehr tief waren. In Nordamerika drängte das Gletschereis nach Süden bis zum 40. Grad nördlicher Breite. In Europa erstreckte es sich bis in den Alpenraum, erreichte jedoch nicht die Anrainerstaaten des Mittelmeers.

Die aufwändige und genaue Untersuchung der Gletscherablagerungen hat es mit hoher Wahrscheinlichkeit ergeben, dass es zwei Eiszeiten gab, zwei Perioden, in denen das Eis weit nach Süden vordrang, und dass diese durch eine Periode, in der sich das Eis zurückzog, und ein Zeitalter getrennt waren wärmeres Wetter kam dazwischen. Dies wird als Interglazialperiode bezeichnet. Soweit eindeutig festgestellt werden kann, stammen alle authentischen Relikte des Menschen aus der Eiszeit. Sie scheinen erstmals in der Zwischeneiszeit zahlreich zu werden und nehmen mit der Zeit immer weiter zu und werden vielfältiger. Wie lange es her ist, dass das Eismeer seinen Abfluss über die Erde begann, lässt sich nicht sagen. Manche schätzen es sechshunderttausend oder siebenhunderttausend Jahre zurück. Einige versuchen, es auf ein relativ junges Datum zurückzuführen. Es ist immer noch so ungewiss und so kontrovers, dass wir höchstens mit Sicherheit sagen können, dass es schon sehr lange her ist.

Obwohl es keinen eindeutigen Beweis dafür gibt, dass Menschen vor dem Einsetzen der Gletscherkälte in Europa gelebt haben , haben wir keinen berechtigten Grund, daran zu zweifeln. Dass er dort während der Eiszeit lebte, ist unbestreitbar, und wir können sehr sicher sein, dass ein nacktes tropisches Tier, dem die haarige Hülle der anderen Tiere fehlt, diese Eiszeit nicht gewählt hätte, um nach Norden zu wandern. Die Tatsache, dass er während der Eiszeit dort war, scheint ein ausreichender Beweis dafür zu sein, dass er vor diesem Zeitalter, während des milden Klimas des späten Tertiärs, dort war und dass er – aus einem Grund, den wir später betrachten werden – dort gefangen war und nicht in der Lage war, sich zurückzuziehen und war gezwungen, sich an die neuen Bedingungen anzupassen.

In der warmen Vorperiode zog er vermutlich als Jäger durch die europäischen Wälder. Doch mit dem allmählichen Einsetzen einer winterlichen Kälte und dem Vordringen des Eises wurde irgendeine Art von Unterschlupf notwendig, und er suchte Zuflucht in Höhlen. Vom Waldwanderer wurde er zum Höhlenbewohner. Überall in Südwesteuropa finden wir Spuren dieser Zeit menschlicher Existenz. Es gibt in dieser Region kaum eine Höhle oder einen Felsunterschlupf, in dem er nicht seine Spuren hinterlassen hätte. Er machte sich auf den Weg nach England, das damals vermutlich auf dem Landweg mit Europa verbunden war, und verweilte lange in seinen Höhlen. Tatsächlich scheint seine Zeit als Höhlenbewohner sehr lang gewesen zu sein . Während es weiterging, sammelten sich nach und nach mehrere Fuß tiefe Ablagerungen auf dem Boden der Höhlen an und füllten diese langsam auf. Und dass diese Höhlenresidenz, zumindest in einigen Fällen, schon vor sehr langer Zeit endete, das können wir uns versichern, denn seitdem hat sich eine große Dicke von Stalagmiten, die sich äußerst langsam ablagert, über die unteren Höhlenablagerungen ausgebreitet und diese versiegelt .

In diesen Höhlen finden wir nicht nur die rohen Steinspeerspitzen, Schaber, Hämmer usw., die Knochenahlen, Bohrer und andere Geräte des paläolithischen Menschen, sondern auch die Knochen des Menschen selbst. Und es ist bezeichnend für seinen primitiven Zustand, dass diese frühesten Relikte auf einen Menschen mit einem sehr niedrigen Entwicklungsstand hinweisen, geistig zwar weit über dem Affen, aber geistig und körperlich weit unter dem modernen Menschen.

Der affenähnlichste dieser menschlichen Überreste ist der berühmte Neandertaler-Schädel, der 1856 in einer Kalksteinhöhle im Neandertaler Tal zwischen Düsseldorf und Elberfeld in Rheinpreußen gefunden wurde. Die entdeckten Relikte bestehen aus der Gehirnkappe, zwei Femori , zwei Humeri und anderen Fragmenten. Das Schädelfragment erregte durch sein bestialisches Aussehen große Aufmerksamkeit, es zeigte eine niedrige, schmale und zurückweichende Stirn und eine enorme Dicke der Knochenwülste über den Augen, wie man sie beim Gorilla sieht. Dieser Schädel, der mit Überresten von Höhlenbären, Hyänen und Nashörnern in Verbindung gebracht wurde, ist mit einer Ausnahme das affenähnlichste menschliche Relikt, das bisher gefunden wurde. Dennoch liegt seine Schädelkapazität weit über der der höchsten Affen und ist mit der der Schädel von Hottentotten und Polynesiern vergleichbar.

Es wurde behauptet, dass es sich um ein pathologisches Exemplar handele und nicht den normalen Menschen widerspiegele. Diese Theorie wurde jedoch durch die Tatsache widerlegt, dass inzwischen andere Schädel mit ähnlichen Schädelmerkmalen bekannt sind, was darauf hindeutet, dass der Neandertaler-Schädel eine Art Mensch und kein abnormales Individuum darstellt. In der Spionagehöhle in der belgischen Provinz Namur wurden 1886 zwei nahezu perfekte Skelette eines Mannes und einer Frau gefunden, beide mit sehr markanten Augenwülsten, niedrigen, zurückweichenden Stirnen und großen Augenhöhlen. Dies war auffallend bei der Frau der Fall. Der Unterkiefer war bei beiden schwer, während die Frau fast kein Kinn hatte – ein deutliches affenähnliches Merkmal. Das Schienbein war kürzer als bei allen bekannten Rassen und kräftiger als bei den meisten anderen. Sein merkwürdiges Merkmal war die Artikulation mit dem Oberschenkelknochen, die so war, dass Kopf und Körper nach vorne geworfen werden mussten, um das Gleichgewicht aufrechtzuerhalten, wie es bei den Menschenaffen der Fall ist.

In der Höhle von Naulette in der Nähe von Dinant, Belgien, wurde der Unterkiefer eines Mannes gefunden, der eindeutig affenähnlich war. Seine Prognathie oder Protrusion ist extrem, und die Eckzähne waren sehr stark, während die Backenzähne offensichtlich groß waren und nach hinten hin an Größe zunahmen, ein nichtmenschliches Merkmal. In La Denise an der oberen Loire in Frankreich wurden die Stirnknochen eines Mannes gefunden, der dem Typus des Neandertalers ähnelt. Die Stirn ist eingedrückt und zurückgezogen, und die Augenbrauenwülste sind groß und dick. Es sind mehrere andere Schädel dieses allgemeinen Typs bekannt, die oben genannten genügen jedoch als Beispiele.

Überreste von Menschen aus der Altsteinzeit wesentlich höheren Typs fehlen nicht. Im Felsschutz von Cro-Magnon in Frankreich wurden die Knochen von drei Männern, einer Frau und einem Kind mit fortgeschrittenerem Charakter gefunden. Diese sind jedoch jüngeren Datums und könnten aus der frühen Jungsteinzeit stammen. In Engis , in der Nähe von Lüttich, Belgien, wurde ein tief vergrabener Schädel ausgegraben, der mit vielen Überresten ausgestorbener Tiere in Verbindung gebracht wird und keineswegs affenähnlichen Charakter hat. Ein immer noch hervorragendes Beispiel des paläolithischen Menschen ist das Skelett, das in einer Höhle in Mentone, östlich von Nizza, Frankreich, gefunden wurde und einen sechs Fuß großen Mann mit ziemlich großem Kopf, hoher Stirn und einem sehr großen Gesichtswinkel (85°) darstellt. Die Höhle enthielt Knochen ausgestorbener Tiere, aber keine Spur des Rentiers.

Es besteht hier kein Anlass, über die zahlreichen exhumierten Überreste neolithischer Menschen zu sprechen. Waren sie zu Beginn des Zeitalters polierter Steinwaffen spärlich, wurden sie nach und nach zahlreich und verschmolzen mit den menschlichen Überresten der späten prähistorischen Zeit. Der amerikanische Kontinent ist nicht ohne Relikte des antiken Menschen. Das berühmteste davon ist der Calaveras-Schädel, der 1886 in den goldhaltigen Kiesen von Calaveras County, Kalifornien, in außergewöhnlicher Tiefe gefunden wurde. Beim Ausheben eines Schachts durchquerten die Bergleute mehrere Lava- und Kiesschichten und bildeten eine Gesamtdicke von 79 Fuß Lava und eine beträchtliche Kiesdicke, insgesamt also fast 130 Fuß. In dieser Tiefe wurde ein im Kies eingebetteter Schädel gefunden, der, wenn er authentisch ist, im antiken Vulkanzeitalter dieser Region von mehreren aufeinanderfolgenden dicken Lavaergüssen überschwemmt worden sein muss. Da seine Echtheit jedoch immer noch umstritten ist, braucht hier nichts weiter dazu gesagt zu werden.

Wenn wir diese Zeugnisse des menschlichen Altertums verlassen, kommen wir zu dem bemerkenswertesten und bedeutsamsten aller bekannten Relikte des Menschen, wenn es sich tatsächlich um einen Menschen handelt, denn es scheint für viele eine Verbindung zwischen Mensch und Affe zu sein — noch nicht menschlich, aber schon längst nicht mehr Affe. Hierbei handelt es sich um den Fossilienfund, den Dr. Eugene Dubois 1891 am Ufer des Bengawan- Flusses auf Java machte und den er *Pithecanthropus erectus nannte* . Er behauptet, dass es sich um eine neue Gattung aufrechter Tiere oder sogar um eine neue Familie handelt. Die von ihm gefundenen Überreste bestanden aus dem oberen Teil eines Schädels, einem Backenzahn und einem Oberschenkelknochen und gehörten möglicherweise nicht zu einem einzelnen Individuum, da sie etwas voneinander entfernt waren. Diese wurden aus einer vulkanischen Tuffschicht exhumiert, die angeblich aus dem

Tertiär, vielleicht aber auch aus dem Quartär stammt, und lagen in einer Tiefe von etwa zwölf Metern unter der Oberfläche.

Der Oberschenkelknochen ähnelt sehr stark dem eines Menschen mittlerer Größe, und seine Form, die Gelenkfläche und andere Merkmale zeigen deutlich, dass das Tier gewöhnlich aufrecht stand. Die Hauptbedeutung liegt im Zahn und im Schädel. Ersteres ähnelt in seiner Form der des Schimpansen, ist jedoch an der Schleiffläche weniger rau. Es scheint zwischen dem Gebisstyp des Affen und des Menschen zu liegen. Der Schädel hat einen niedrigen, abgesenkten Bogen mit einer sehr schmalen Frontalregion und stark entwickelten Augenbrauenleisten. Die Schädelkapazität betrug offenbar etwa eintausend, die des Menschen zwischen dreizehnhundert und vierzehnhundert. Man sagt daher, es handele sich um „den niedrigsten menschlichen Schädel, der bisher beschrieben wurde, und liegt fast so weit unter dem des Neandertalers, wie dieser unter dem normalen Europäer liegt."

Professor O. C. Marsh stimmt in einem Artikel zu diesem Thema im *American Journal of Science* vom Februar 1895 mit Dr. Dubois in seiner Ansicht über die besondere Stellung dieser Form im Tierreich überein und sagt, dass der Entdecker „bewiesen" habe die Existenz einer neuen prähistorischen anthropoiden Form, zwar nicht menschlich, aber in Größe, Gehirnleistung und aufrechter Haltung dem Menschen viel näher als jedes bisher entdeckte Tier, ob lebend oder ausgestorben."

Wir haben hier einen kurzen Rückblick auf eine lange Geschichte gegeben. Die Beweise für die frühere Existenz des Menschen auf der Erde sind zahlreich, aber jede eingehende Betrachtung geht über unseren Zweck hinaus, der lediglich zeigen soll, dass die Beweise für die Abstammung des Menschen, die in seiner physischen Struktur zu finden sind, durch Beweise verstärkt werden, die er verstreut zurückgelassen hat ihn auf seinem langen Marsch durch die Jahrhunderte. Aus diesen aus Höhlen und Kies ausgegrabenen Überresten des Menschen kann nur eine einzige Schlussfolgerung gezogen werden, nämlich dass sie einen allmählichen und stetigen Aufstieg aus einem sehr niedrigen Zustand anzeigen, während sie nirgends Hinweise auf den traditionellen Sündenfall des Menschen geben.

Dies ist sicherlich bei den Relikten menschlicher Handwerkskunst der Fall. Sie beginnen mit den gröbsten abgesplitterten Steinen und verbessern sich sehr langsam in Form und Finish und werden vielfältiger, je weiter wir in unserer Suche voranschreiten. Es folgen die geschliffenen und polierten Steine, und die Vielfalt der Werkzeuge nimmt erheblich zu, bis schließlich das Zeitalter des Metalls mit seinen entwickelten Industrien erreicht ist. Der einzige scheinbare Beweis für überlegene Intelligenz, der in diesem allmählichen Fortschritt zu finden ist, sind die Zeichnungen und

Schnitzereien, die uns eine Gruppe paläolithischer Männer hinterlassen hat. Aber die tatsächliche geistige Entwicklung, die sich daraus ergibt, wird problematisch, wenn man bedenkt, dass ähnliche Zeichnungen heute von den Buschmännern Südafrikas angefertigt werden, einer Rasse von Männern, die sich auf einem sehr niedrigen geistigen Niveau befinden. Aus dieser Tatsache können wir mit Fug und Recht schließen, dass der Besitz einer einfachen Grafik nicht unbedingt auf einen beträchtlichen intellektuellen Fortschritt hinweist.

Wenn wir die Überreste des Menschen selbst betrachten, die wenigen Knochen, die seinen frühen Weg durch die Zeit markieren, muss eine ähnliche Schlussfolgerung gezogen werden. Beginnend mit Pithecanthropus, bei dem sich die Wissenschaft noch nicht sicher ist, ob er den Affen oder den Menschen zuzuordnen ist, gehen wir weiter zum bestialischen Neandertaler und seinen Gefährten desselben niederen Typs. Von den spärlichen Überresten des paläolithischen Menschen, die es gibt, sind die meisten von diesem degradierten Typus. Die Schädelkapazität ist normalerweise nicht gering. Sie hatten die volle Gehirnentwicklung des Menschen. Aber dadurch werden sie lediglich mit den niederen Rassen der existierenden Wilden assimiliert, von denen viele nicht die einfache Kunst entwickelt haben, Steine zu zerschlagen, um daraus Waffen zu formen, und dennoch über Gehirne von normalem Menschengewicht verfügen.

In Wahrheit waren die Einflüsse, unter denen die Entwicklung des Gehirns stattfand, nicht das, was wir heute als intellektuell bezeichnen. Der sich entwickelnde Mensch nutzte seine Geisteskräfte aktiv im Umgang mit den feindlichen Kräften der umgebenden Natur, und fast alle Kräfte der Evolution wirkten auf das Organ des Geistes, während der Körper praktisch unverändert blieb. Seine Sinne wurden geschärft, seine List und Wachsamkeit waren hoch, sein Umgang mit Waffen geschickt , aber sein geistiges Betätigungsfeld war immer noch die äußere Welt, und die innere Gedankenwelt blieb in ihrem embryonalen Zustand. Die jüngste Entwicklung des Geistes betrifft seine intellektuellen Fähigkeiten, während seine körperlichen Fähigkeiten etwas nachgelassen haben. Dies hat zu keiner nennenswerten Vergrößerung der Gehirndimensionen geführt, aber es könnte einen deutlichen Einfluss auf die Proportionen seiner Teile gehabt haben, da die Regionen des Großhirns, die der intellektuellen Aktivität gewidmet sind, wahrscheinlich auf Kosten der motorischen und sensorischen Regionen zugenommen haben. während die Windungen möglicherweise erheblich komplizierter geworden sind.

IV
VOM VIERBEINEREN ZUM ZWEIBEINEREN

Bei der Frage, vor der wir jetzt stehen, der Frage nach der Entwicklung des Menschen aus der niederen Tierwelt, muss zunächst festgestellt werden, in welchen Einzelheiten er sich entwickelt hat und welche Bedingungen ihn von den niederen Tieren unterscheiden. Es können vier markante Unterscheidungsmerkmale genannt werden: seine aufrechte Haltung, bei der die Vorderbeine von der Verwendung als Fortbewegungsmittel befreit sind; sein Einsatz natürlicher Gegenstände anstelle seiner Körperorgane als Werkzeuge und Waffen; seine Entwicklung der Stimmsprache; und seine große geistige Überlegenheit, mit dem allgemeinen Einsatz des Geistes im Umgang mit der Natur.

In keiner dieser Einzelheiten steht der Mensch ganz allein da; bei allen besteht eine Verwandtschaft mit den niederen Tieren. Viele Tiere haben Fortschritte in dieser Richtung gemacht, obwohl keines von ihnen nennenswerte Fortschritte gemacht hat. Was den auffallend entwickelten Sozialverhalten und die Organisation des Menschen angeht, so hat er bei den Wirbeltieren kein ähnliches Gegenstück, wohl aber bei den Insekten. Und es ist von großem Interesse festzustellen, dass der Mensch auf dem höchsten Gebiet des menschlichen Fortschritts, dem Einsatz seines Geistes im Umgang mit der Natur, hauptsächlich von so niedrig organisierten Geschöpfen wie den Ameisen und Bienen nachgeahmt wird.

Wir brauchen bei den niederen Tieren nicht lange nach den Arten zu suchen, die dem Menschen in seiner Struktur am nächsten kommen und ihm in der Abstammungslinie unmittelbar vorausgegangen zu sein scheinen. Wir finden diese Formen bei den Affen oder Menschenaffen und insbesondere bei ihren höchsten Vertretern, den Menschenaffen. Diese besitzen teilweise alle besonderen Eigenschaften des Menschen. Sie sind gesellig ; einige von ihnen haben eine halb aufrechte Haltung und ihre Vorderbeine sind teilweise von der Verwendung zur Fortbewegung befreit; sie verfügen über einige unvollkommene Mittel zur stimmlichen Kommunikation; sie setzen in gewissem Maße den Geist anstelle des Körpers ein; Kurz gesagt, sie scheinen festgefahrene Formen auf dem Weg vom Tier zum Menschen, Signalposten auf der Straße der Evolution. In ihrer physischen Organisation ist ihre Annäherung an den Menschen einzigartig. In der Anatomie sind der Mensch und die höheren Affen in vielerlei Hinsicht Gegenstücke zueinander. Man geht davon aus, dass der wichtigste anatomische Unterschied im Fuß liegt, der aufgrund des gegensätzlichen Charakters der großen Zehe von Cuvier der Hand zugeordnet wurde, wobei die Affen Quadrumana (vierhändig) und der Mensch Bimana (zweihändig) genannt wurden. Ausführlichere

Untersuchungen haben gezeigt, dass dieser Unterschied nicht besteht, da festgestellt wurde, dass der Fuß des Affen weitaus stärker mit dem Fuß übereinstimmt als mit der Hand des Menschen. Dem Gebrauch entsprechend ist die Hand in der ganzen Ordnung das besondere Greiforgan; Der Fuß ist, so greifbar er auch sein mag, in erster Linie ein Gehorgan. Und die Widerstandsfähigkeit des großen Zehs wird bei einigen Männern erreicht, die eine große Beweglichkeit in diesem Organ haben und es zum Greifen nutzen können.

Im Hinblick auf das Gehirn, das Organ des Geistes, besteht der Unterschied zwischen den höheren Affen und dem Menschen fast ausschließlich in der vergleichsweisen Größe, wobei die geringere Intelligenz der Affen durch die geringere Größe ihres Gehirns angezeigt wird. Das größte Affengehirn ist kaum halb so groß wie das kleinste menschliche Gehirn. Aber anatomisch sind sie nahezu identisch. Alle strukturellen Merkmale des Gehirns sind beiden gemeinsam, und die Details sind bei den Menschenaffen weitgehend ausgefüllt, da alle Windungen vorhanden sind und das Anordnungsmuster das gleiche ist. Man kann sagen, dass das Gehirn des Orangs in jeder Hinsicht dem des Menschen ähnelt, mit Ausnahme der Größe und der größeren Symmetrie seiner Windungen, die bei kleineren Windungen weniger kompliziert sind als beim Menschen. Tatsächlich ist der Unterschied zwischen den Gehirnen des Menschen und des Orangs im Vergleich zu dem Unterschied zwischen dem Gehirn des Orangs und dem der niedrigsten Affen nahezu unbedeutend. Herr EW Taylor, der kürzlich eine umfassende Studie über die genaue Anatomie des Gehirns von Schimpansen durchgeführt hat, bemerkt: „Die Ähnlichkeit zwischen dem Gehirn der Menschenaffen und des Menschen ist eine der einzigartigsten und interessantesten Tatsachen, die wir kennen." Wissen haben."

Bei jedem Versuch, den Ursprung des Menschen unter dem Gesichtspunkt der Evolution zu betrachten, werden wir unwiderstehlich vom Affenstamm als dem nächstniedrigeren Glied in der langen Entwicklungskette angezogen und müssen die Eigenschaften der Affen berücksichtigen als Zwischenstadium zwischen dem Vierbeiner und dem Zweibeiner, als Brücke über diese große Kluft in der organischen Entwicklung. Dies bedeutet keineswegs, dass einer der existierenden Menschenaffen der direkte Vorfahre des Menschen ist. Eine solche Idee wurde von Wissenschaftlern noch nie in Betracht gezogen. Diese Tiere können nicht einmal mit Fug und Recht als Brüder der Vorfahren des Menschen angesehen werden, sondern müssen als mehr oder weniger entfernte Verwandte angesehen werden, deren physische Organisation einer höheren Entwicklung weniger förderlich ist als die des Menschen. Die Abstammung des Menschen liegt viel weiter zurück in der Zeit, und sein Vorfahre muss anders beschaffen gewesen sein als alle existierenden Großaffen.

Beim Affenstamm können wir nahezu jeden Schritt nachvollziehen, mit dem die Kluft zwischen Vierbeinern und Zweibeinern überwunden wurde, vom vierbeinigen Pavian bis zum fast aufgerichteten Gibbon. Und bei dem Versuch, diese Entwicklung in ihren aufeinanderfolgenden Stadien zu verfolgen, muss zunächst der Punkt betrachtet werden, wie die Affen ihre besondere Fähigkeit zum Greifen erlangten, jene Eigenschaft, der sie zweifellos die teilweise Freiheit ihrer Hände und ihre Tendenz zur aufrechten Haltung verdanken .

Das charakteristischste Merkmal der Affen und der nahe verwandten Lemuren ist bisher nicht eindeutig aufgeklärt worden. Das liegt daran, dass sie die einzige Gruppe rein baumlebender Tiere bilden. Der Baum ist nicht allein ihr heimischer Lebensraum, sie sind jedoch in ihren Bewegungsorganen speziell an ihn angepasst, was von keiner anderen Tiergruppe behauptet werden kann. Betrachten wir beispielsweise die Eichhörnchen, eine der bekanntesten Gruppen baumlebender Tiere, so stellen wir fest, dass sie zur großen Ordnung der Nagetiere gehören, deren ursprünglicher Lebensraum die Landoberfläche ist. Obwohl sich die Eichhörnchen auf den Bäumen niedergelassen haben, hat sich die Struktur ihrer Gliedmaßen und Füße nicht angepasst. Das Gleiche gilt für fast alle Baumbewohner mit Ausnahme der Lemuren und Affen. Tatsächlich ist das Faultier in seiner Organisation speziell an einen Baumaufenthalt angepasst, aber diese Veränderung ist individuell und nicht stammesbedingt, da es sich bei diesem Tier um eine abweichende Form der bodenbewohnenden Edentata handelt . Bei den Affen und Lemuren hingegen sind die Bodenbewohner die abweichenden Formen, vom Wirt abweichende Wanderer. Fast alle Arten leben auf Bäumen, an die sie durch die Ausbildung ihrer Füße besonders angepasst sind. Es bleibt zu untersuchen, wie es zu dieser Strukturabweichung kam, welche Entwicklungsschritte der Greiffuß und die Greifhand durchlaufen haben, was das Besondere dieser Gruppe ist.

Bei der Betrachtung dieser Frage fällt zunächst die Tatsache auf, dass es sich bei den Affen und Lemuren um plantigrade Tiere handelt. Ihre natürliche Tendenz besteht darin, auf der Fußsohle zu gehen, eine Gewohnheit, die nur wenige andere Tierstämme besitzen. Die meisten größeren Tiere laufen auf den Knöcheln oder Zehen und entwickeln Krallen oder Hufe, aber die Urform des Affen war vor langer Zeit zweifellos ein allein laufender Vierbeiner, dessen Zehen offenbar mit Nägeln anstelle von Krallen versehen waren. Was die Geschichte dieses sehr alten Vierbeiners war, können wir nicht genau sagen. Möglicherweise ist es in den Erfordernissen des Daseins zu einer Trennung der Wege gekommen; ein Teil der Gruppe, der von der Liebe zu Früchten angezogen wird, entwickelt die Klettergewohnheit; Der verbleibende Abschnitt setzt sich am Boden fort und folgt einer separaten Entwicklungslinie. Vielleicht hat sich nur eine einzige Art auf die Bäume gestürzt; denn es ist durchaus möglich, dass sich eine einzelne Form in einem neuen und vorteilhaften Lebensraum im Laufe der Zeit in eine große Anzahl von Arten verwandelt.

Von alledem können wir nichts wissen; aber eines können wir sicher sein, nämlich dass der plantigrade Fuß der einzige ist, der sich zu einem Greiforgan hätte entwickeln können; Eine solche Entwicklung ist für Digitigrade und Huftiere unmöglich. Man kann leicht erkennen, wie die Gewohnheit, auf der Sohle zu gehen, zu einer Spreizung der Zehen führen kann, um einen breiteren und festeren Stand zu erreichen. Und es ist ebenso leicht zu erkennen, wie eine freie und weite Bewegung der großen Zehe zu diesem Ergebnis beitragen würde. Das Tier mag anfangs leicht gewesen sein und sich auf seinem unveränderten Fuß abstützen können, aber als es an Größe und Gewicht zunahm, brauchte es einen festeren Griff, und das Endergebnis, zu diesem Zweck die Zehen zu spreizen, könnte durchaus so gewesen sein die opponierbare große Zehe.

Bei dieser Betrachtung muss berücksichtigt werden, dass die Affen sich von den anderen Baumbewohnern dadurch unterscheiden, dass sie keine Krallen besitzen. Eichhörnchen, Opossums und andere Baumtiere haben scharfe Krallen, mit deren Hilfe sie sich leicht an der Oberfläche der mit Rinde bedeckten Äste festklammern können. Die Nägel der Affen sind nicht in der Lage, ihnen diesen Dienst zu leisten, und es ist nicht leicht zu begreifen, wie sich ein Fuß wie der ihre anders an die Fortbewegung in den Bäumen anpassen könnte, als durch die Erlangung beweglicher Bewegungen und Greifkraft in den Zehen.

Die bestehenden Gewohnheiten des Affenstamms lassen darauf schließen, dass das angestammte Tier möglicherweise bald begonnen hat, Halt in den oberen Gliedmaßen zu suchen. Der plantigrade Fuß ist in der Lage, sich leicht zu einem Stützorgan zu krümmen, und im Fall des Vorfußes tendieren die Zehen dazu, sich zu spreizen und an Flexibilität in der Bewegung zu gewinnen, und der erste Zeh wird den anderen gegenübergestellt und ermöglicht einen vollständigeren Halt Leistung. Unter diesem Gesichtspunkt scheint es nicht schwer zu verstehen, wie sich die Füße eines fünfzehigen plantigraden Tieres mit der Zeit zu Greiforganen entwickelt haben könnten, da dazu lediglich eine erhöhte Flexibilität der Gelenke und ein breiterer und breiterer Fuß erforderlich wären vollere Bewegung der großen Zehen. Die Tatsachen scheinen darauf hinzuweisen, dass in diesem Fall eine solche Veränderung stattgefunden hat. Die einfachste und wahrscheinlichste Erklärung für die Entwicklung der Greifkraft in den Händen und Füßen des Affen scheint die oben gegebene zu sein.

Die Verwandtschaft der Lemuren mit den Menschenaffen ist nicht eindeutig geklärt. Es kann sich um ein Ahnentier handeln oder die beiden Tiere können unterschiedliche Abstammungslinien darstellen. Im letzteren Fall hätten wir zwei Entwicklungslinien der Tiere, in denen die Greifkraft erworben und die Anpassung an das Baumleben abgeschlossen wurde. Unabhängig von ihrer Verwandtschaftsbeziehung besitzen beide den gegensätzlichen Daumen als Markenzeichen ihres Baumlebensraums, und wenn man sie beim Gehen auf dem Boden antrifft, kann man sie als Abtrünnige von ihrem Heimatort betrachten.

Sobald die Greifkraft erlangt war, war der erste Schritt des Wechsels von der Vierbeinerhaltung zur halbaufrechten Haltung abgeschlossen. Der Prozess könnte mit dem Versuch begonnen haben, die Fußsohle an die abgerundete Oberfläche der Äste anzupassen; oder seine erste Stufe könnte darin bestanden haben, mit der flexiblen Hand hochhängende Äste zu ergreifen; oder beide Einflüsse könnten gleichzeitig gewirkt haben. Wir sehen nur das Ergebnis, den genauen Vorgang können wir nicht nachvollziehen; Als Ergebnis haben wir jedoch eine Fortbewegungsmethode übernommen, die sich von der aller anderen Baumbewohner unterscheidet: Der Vorderfuß entwickelt sich zur Hand mit dem entgegensetzbaren Daumen, und der Hinterfuß erlangt eine ähnliche Greifkraft in den Zehen.

Die Fähigkeit, auf einem unteren Glied zu gehen und ein oberes zu greifen, stellte sich schnell als ein erfolgreicher Schritt in der Evolution heraus, der für unsere Untersuchung von größter Bedeutung war. Das Tier war im eigentlichen Sinne kein Vierbeiner mehr, obwohl es noch kein Zweibeiner war, und es war fast sicher, dass es zu einer Veränderung der Länge seiner Gliedmaßen kommen würde. Dies ist ein gewöhnliches Ergebnis, wenn Tiere aufhören, auf allen Vieren zu gehen. Beim springenden Känguru und der Springmaus kommt es zu einer Verkürzung der Arme und einer Verlängerung der Beine. Hier werden die Arme von der Pflicht entbunden und den Beinen eine doppelte Pflicht auferlegt, mit der genannten Konsequenz. Bei den alten Dinosaurier-Reptilien, den aufrecht gehenden Reptilien, war das Gleiche der Fall. Dabei handelte es sich um recht kleine bis sehr große Tiere, bei allen bekannten Fällen waren die Vorderbeine jedoch stark verkleinert. Ein ähnlicher Zustand kann bei Vögeln beobachtet werden, deren Knochen der Vorderbeine aufgrund mangelnder Verwendung als Gehorgane weitgehend verkümmert sind.

Bei den Affen und Lemuren trat zwar ein ähnlicher Effekt auf, es zeigt sich jedoch aufgrund der unterschiedlichen Bedingungen ein interessanter Unterschied. Bei diesen Tieren sind die Vorderbeine nicht von der Funktion als Fortbewegungsorgane befreit. In vielen Fällen hingegen wird ihnen eine zusätzliche Pflicht auferlegt, mit der Folge, dass sie länger statt kürzer geworden sind. Sehr wahrscheinlich unterschieden sich diese Tiere früher wie heute erheblich im Grad der Nutzung ihrer Beine und Arme. Viele von ihnen gehen im Vierbeinerstil, entweder auf dem Boden oder in Bäumen.

Andere nutzen ihre Hände und Arme häufig zum Greifen und Schwingen. Bei verschiedenen Arten kann es zu großen Unterschieden in der Verwendung von Armen und Beinen gekommen sein. In einigen Fällen dienten die Beine möglicherweise hauptsächlich als Stütze und die Hände als Stütze. In anderen Fällen könnten die Arme die wichtigsten Fortbewegungsorgane gewesen sein und die Füße hätten für Stabilität gesorgt. Hier dürften die Beine umso länger geworden sein, dort die Arme, die Gliedmaßen entwickelten sich entsprechend ihrem Beschäftigungsgrad. Bei den niederen Affen und den Lemuren sind die Beckenknochen insgesamt vierbeinig. Dies ist bei den höheren Formen nicht der Fall, und bei den höchsten Affen ähneln die Beckenknochen denen des Menschen.

Hochinteressante Beispiele für diese vielfältigen Ergebnisse sind bei den existierenden Menschenaffen zu sehen. Bei allen scheint es so zu sein, dass der Arm ein wichtiger Faktor bei der Fortbewegung war, denn in jedem Fall ist er länger als das Bein – aber er unterscheidet sich in jedem Fall in der proportionalen Länge. Beim Schimpansen ist er am kürzesten, beim Gorilla etwas länger, beim Orang noch länger und beim Gibbon bemerkenswert lang. In all diesen Fällen weist die Tatsache, dass die Arme länger als die Beine sind, darauf hin, dass sie eine große und wichtige Rolle bei der Fortbewegung gespielt haben müssen, und dies gilt insbesondere für den Gibbon. Es ist in der Tat allgemein bekannt, dass sich die Gibbons weitgehend mit Hilfe ihrer Arme fortbewegen, indem sie sich mit außerordentlicher Kraft und Leichtigkeit von Ast zu Ast und von Baum zu Baum schwingen. Die Beine helfen dabei, aber die Arme sind die Hauptbewegungsorgane und scheinen sich entsprechend in der Länge entwickelt zu haben.

Was die anderen Menschenaffenarten betrifft, sind Wallaces Beobachtungen über die Lebensgewohnheiten der Orangs von Interesse. Dieses Tier läuft normalerweise auf allen Vieren in einer halb aufrechten, geduckten Haltung auf den Ästen, aber unser Naturforscher hat gesehen, wie sich ein Tier allein mit seinen Armen fortbewegte. Beim Übergang von Baum zu Baum kommen die Arme aktiv ins Spiel. Das Tier ergreift eine Handvoll der überlappenden Äste der beiden Bäume und schwingt sich leichtfüßig über den dazwischen liegenden Raum. Obwohl es schien, als würde es sich sehr bewusst bewegen, wurde festgestellt, dass seine tatsächliche Geschwindigkeit etwa sechs Meilen pro Stunde betrug.

Die Organisation des Menschen, wie er jetzt existiert, weist eine interessante und wichtige Abweichung von der der menschenähnlichen Affen auf und dient als starker Beweis dafür, dass keiner dieser Affen einen Platz in seiner Abstammungslinie einnahm. Dies bedeutet, dass er ein langbeiniges und kurzarmiges Tier ist, ein Zustand, der das Gegenteil von dem ist, der bei Menschenaffen beobachtet wird. Während die Hände des Menschen kaum bis zur Mitte des Oberschenkels reichen, reichen die des Schimpansen bis unter das Knie, die des Gorillas bis zur Mitte des Beins, die des Orangs bis zum Knöchel und die des Gibbons bis zum Boden. Alle diese Affen haben kurze Beine und lange Arme. Der Mensch hingegen hat lange Beine und kurze Arme.

Die natürliche Vermutung aus dieser interessanten Tatsache ist, dass der Vorfahre des Menschen, den wir vorläufig den Menschenaffen nennen können, sich in seiner Entwicklungsweise wesentlich von den anderen Affen unterschied. Die kleineren Formen bewegen sich meist auf allen Vieren in den Bäumen, wobei die Arme immer zum Schwingen oder Klettern bereit sind. Auch die Menschenaffen zeigen eine Tendenz zu einem ähnlichen Fortschrittsmodus, allerdings mit einem Unterschied in ihrer Gangart, die, wie wir später sehen werden, niemals die des Vierbeiners ist. Was den Menschenaffen betrifft, so könnte er ursprünglich auf die gleiche Weise gelaufen sein wie die verwandte Art, wenn wir annehmen, dass die Variation in der Länge der Gliedmaßen eine spätere Entwicklung war. Nachdem seine Gliedmaßen die Proportionen eines Menschen erreicht hatten, musste seine Fähigkeit, sich von Baum zu Baum zu schwingen, gewiss nachgelassen haben, während es für ihn unbequem gewesen wäre, sich in der geduckten Haltung des Orangs und seiner Artgenossen zu bewegen. Seine einfachste Haltung muss dann die aufrechte Haltung gewesen sein, und seine Bewegung war ein echter Zweibeinergang, nicht die Schwing- und Sprungbewegung der anderen Anthropoiden. Kurz gesagt, die Entwicklung des Vorfahren des Menschen zu einem kurzarmigen Tier, wie auch immer und wann immer sie stattfand, hätte seine Bewegungsfreiheit in den Bäumen ernsthaft beeinträchtigen müssen. Obwohl diese Veränderung möglicherweise in den Bäumen begonnen hat, entwickelte sie sich wahrscheinlich erst vollständig, nachdem das Tier den Boden zu seinem gewöhnlichen Aufenthaltsort gemacht hatte.

Es ist interessant festzustellen, dass alle existierenden Großaffen baumlebend sind, wobei der Gorilla wahrscheinlich aufgrund seines Gewichts am wenigsten davon lebt. Auch wenn sie alle hin und wieder auf den Boden herabsinken, zeigt ihre unbeholfene Bewegung an der Oberfläche, dass sie nicht in ihrem Element sind, während sie sich in den Bäumen mit Leichtigkeit und Schnelligkeit bewegen. Die Organisation des Menschen macht es fraglich, ob sein urzeitlicher Vorfahre in ähnlichem Maße baumbewohnend war. Die Anzeichen scheinen darauf hinzudeuten, dass er zu einem frühen Zeitpunkt seiner Geschichte den Boden zu seinem gewöhnlichen Aufenthaltsort gemacht hat und dass das Ergebnis dieser neuen Gewohnheit und seiner aufrechten Haltung eine Veränderung der relativen Länge seiner Gliedmaßen war.

Dass dieses Tier in der ersten Phase seiner Existenz hauptsächlich in Bäumen lebte und eine starke Greifkraft in seinen Händen besaß, haben wir durch neuere Studien über das Leben von Kindern bestätigt. Der menschliche Säugling zeigt in seinen frühesten Lebenstagen eine bemerkenswerte Greifkraft und ist in der Lage, sein Gewicht einige Sekunden oder eine Minute oder länger mit seinen Händen zu halten, und das in einem Alter, in dem seine anderen Muskeln schlaff und kraftlos sind. Es scheint, dass es sich hier um eine Gewohnheit handelt, die für das Kind seiner Vorfahren normal war, einen Instinkt, der entwickelt wurde, um einen Sturz aus seiner Heimat zwischen den Zweigen zu verhindern.

Dennoch ist es zweifelhaft, ob der Menschenaffe lange Zeit ein besonders baumlebendes Tier blieb. Die unterschiedliche Armlänge der Menschenaffen war zweifellos auf frühe Ursprünge zurückzuführen, und aller Wahrscheinlichkeit nach hatte der Vorfahre des Menschen ursprünglich einen kürzeren Arm als seine verwandten Arten. Wenn das der Fall ist, muss dies dazu geführt haben, dass er in Bäumen weniger beweglich ist als andere Formen. Wenn wir dieses uralte Geschöpf in seinem Baumheim sehen könnten, würden wir wahrscheinlich feststellen, dass es eher dazu neigt, aufrecht zu stehen als die anderen Affen, indem es auf einem unteren Glied geht und sich durch das Ergreifen eines oberen Glieds stabilisiert. Dies wäre eine natürlichere und einfachere Art, sich zu einem kurzarmigen Tier zu entwickeln, als die geduckte Haltung des Orangs oder die schwingende Bewegung des Gibbons, und es würde zur Folge haben, dass die aufrechte Haltung bei diesem Tier weitgehend zur Gewohnheit wird .

Kurz gesagt, der Vorfahre des Menschen könnte zu einem beträchtlichen Teil ein Zweibeiner geworden sein, während er noch größtenteils in den Bäumen lebte, und in diesem Maße seine Arme für andere Aufgaben als die der Fortbewegung freigelassen haben. Wie die anderen Affen ging er wahrscheinlich oft auf den Boden, wo seine Gewohnheit, aufrecht auf den Ästen zu gehen, den Zweibeinergang erleichterte, oder wo diese Gewohnheit möglicherweise ursprünglich erworben wurde. Dies ist zwar eine Vermutung, wird aber durch Tatsachen der Organisation und bestehender Gewohnheiten gestützt, und aus den genannten Gründen scheint es sehr wahrscheinlich, dass der Vorfahre des Menschen zu einem frühen Zeitpunkt seiner Geschichte einen Landsitz bezog und dort erneut kletterte, um Nahrung oder Sicherheit zu suchen. aber sie wohnen immer häufiger auf der Erdoberfläche. Selbst in diesem fernen Zeitalter könnte es in seiner Organisation im Wesentlichen menschlich geworden sein, die nachfolgenden Veränderungen betrafen hauptsächlich die Entwicklung des Gehirns und nur in geringem Maße die physische Form und Struktur.

Fossile Affen wurden in der Geologie nicht weiter zurück als im Miozän gefunden. Es ist jedoch sehr wahrscheinlich, dass sie noch in Schichten des

Eozäns gefunden werden, da Beispiele ihrer höchsten Vertreter, der Menschenaffen, in Gesteinen des Miozäns gefunden wurden. Die Tatsache, dass es diese großen Affen heute nur noch wenige Arten gibt, ist kein Beweis dafür, dass viele Formen von ihnen früher nicht existiert haben, und zu diesen können wir den Vorfahren des Menschen zählen.

<h1 style="text-align:center">V
DIE FREIHEIT DER WAFFEN</h1>

Der Vorfahre des Menschen ist keineswegs die einzige Affenart, die die Erdoberfläche zu ihrem Wohnort gemacht hat. Der Pavian ist ein Beispiel für eine Reihe von Lebewesen, die gewöhnlich auf dem Boden leben, obwohl sie ihre Beweglichkeit beim Klettern nicht verloren haben. Aber diese Arten sind zum Vierfüßlerlebensstil zurückgekehrt, an den sie sich durch die gleiche Länge ihrer Gliedmaßen anpassen. Alle Menschenaffen leben bis zu einem gewissen Grad auf dem Boden, aber diese können weder als Vierbeiner noch als Zweibeiner bezeichnet werden, da ihre übliche Fortbewegungsweise ein unangenehmer Kompromiss zwischen beiden ist. Das Gleiche gilt für einen der Lemuren, den Propithecus , der als einziges Mitglied seines Stammes versucht, sich in aufrechter Haltung zu bewegen. Es geht jedoch nicht, sondern macht eine Reihe von Sprüngen, wobei es die Arme aufrecht hält, als ob es balancieren wollte.

Obwohl viele der Affen aufrecht stehen können, ist der Gibbon der einzige, der versucht, in dieser Position zu gehen. Dies ist ein wahrer Spaziergang, wenn auch kein sehr anmutiger. Das Tier behält eine ziemlich aufrechte Haltung bei, geht aber watschelnd, wobei sein Körper hin und her schaukelt. Seine Fußsohlen stehen flach auf dem Boden, die großen Zehen sind nach außen gespreizt. Die Arme hängen entweder locker an der Seite herab, sind über dem Kopf gekreuzt oder werden in die Höhe gehalten, schwingen wie Balancierstangen und sind bereit, jede Stütze über dem Kopf zu ergreifen. Der Gang wird schnell in eine andere Bewegung geändert, wenn Anlass zur Eile besteht. Sofort werden seine langen Arme auf den Boden gesenkt, die Knöchel geschlossen, und er bewegt sich durch eine schwingende oder springende Bewegung fort, wobei der Körper fast aufrecht bleibt, aber zwischen den Armen geschwungen wird.

Keiner der anderen Menschenaffen geht jemals aufrecht, obwohl sie gelegentlich eine aufrechte Haltung einnehmen. Aber obwohl sie alle ihre Gliedmaßen als Gehorgane nutzen, zeigen sie keine Tendenz, in die Gewohnheit der Vierbeiner zurückzufallen. Ihre Bewegung ähnelt der des Gibbons in Eile, eine Reihe von Sprüngen oder Schwingungen zwischen den Stützarmen. Die Kürze ihrer Arme hindert sie jedoch daran, dabei wie der Gibbon aufrecht zu stehen; und je nach Länge ihrer Arme beugen sie sich bis zu einem gewissen Grad nach vorne, der Schimpanse am stärksten, der Orang am wenigsten.

In der Regel steht die flache Fußsohle mit ausgestreckten Zehen auf dem Boden, wie beim Menschen, beim Gehen werden die Zehen jedoch manchmal nach unten gebeugt. Der Orang berührt selten den Boden mit der

Sohle oder den geschlossenen Zehen, sondern läuft auf der Außenkante des Fußes, wobei die Füße nach innen gebogen sind, als würden sie die abgerundeten Seiten eines Astes umfassen. Die anderen Arten tendieren in die gleiche Richtung, wobei die Beine gebeugt sind und der Gang rollt. Beim Gebrauch der Hände beim Gehen werden die geschlossenen Knöchel normalerweise auf den Boden gelegt, gelegentlich wird jedoch auch die offene Handfläche verwendet. Die gesamte Bewegung dieser Tiere ist auffallend unbeholfen und deutet darauf hin, dass es keinen zufriedenstellenden Kompromiss zwischen dem Leben im Baum und am Boden geben kann.

Die bedeutsame Tatsache bei diesen Gehversuchen ist, dass keiner der Menschenaffen die Neigung zeigt, in den Vierbeiner-Gewohnheitszustand zurückzukehren. Ihre Haltung ist in allen Fällen eine Annäherung an die aufrechte Haltung, die der Gibbon einnimmt. Die Arme dienen nicht zum Gehen, sondern als Schwingorgane. Offensichtlich hat ihre Lebensweise in den Bäumen bei diesen Affen alle Neigung zur Vierbeinerbewegung überwunden und eine Tendenz zur Zweibeinerbewegung entwickelt. Aber keiner von ihnen hat die muskuläre Entwicklung des Wadenbeins oder eine Anpassung der Gelenke an die aufrechte Haltung erreicht, da niemand außer dem Gibbon aufrecht geht, und zwar nur in gelegentlichen Abständen.

Die Schlussfolgerung aus all dem ist, dass der Menschenaffe in seinen frühen Tagen viel wahrer ein Zweibeiner war als alle anderen genannten Arten. Wie sie neigte es nicht dazu, wieder in den Vierfüßlerstil zurückzukehren. Die Kürze seiner Arme war hierfür ungeeignet und machte es dem Tier gleichzeitig unmöglich, sich in der halb aufrechten, schwingenden Art der anderen Menschenaffen fortzubewegen. Aufgrund seiner körperlichen Bildung hat er möglicherweise zu einem sehr fernen Zeitpunkt begonnen, aufrecht zu gehen, was zu einer Begradigung der Gelenke und einer Muskelentwicklung der Beine führte. Als dieser Zustand vollständig erreicht war, handelte es sich praktisch um einen Menschen in körperlicher Verfassung, obwohl er geistig noch ein Affe war und eine lange Entwicklung des Gehirns durchlaufen musste, bevor er die menschliche Ebene des Geistes erreichen konnte.

Die hier gezogenen weitreichenden Schlussfolgerungen basieren alle auf einer wichtigen Tatsache: der Kürze der Arme des Menschen im Vergleich zu der unverhältnismäßig langen Armlänge der Menschenaffen. Dies führte aus den genannten Gründen dazu, dass die Anpassung des Menschenaffen an das Leben in den Bäumen schlechter war als die der langarmigen Affen; während es, wie gerade gesagt wurde, es ungeeignet machte, auf dem Boden zu gehen, weder als Vierbeiner noch in der Sprungweise seiner Mitanthropoiden. Kurz gesagt, die Haltung des Zweibeiners passte bei weitem am besten zu seiner Organisation und war auch diejenige, die er am ehesten annehmen würde. Sobald diese Haltung zur Gewohnheit geworden ist, kann die Effizienz beim Gehen durch Übung gesteigert werden.

Als dieses Tier zum Bodenläufer wurde, ging seine Bewegungsfähigkeit in den Bäumen in gewissem Maße verloren. Als sich die Füße an die flache Oberfläche des Bodens gewöhnten, wurde es für sie schwieriger, die abgerundete Oberfläche des Astes zu greifen. Die Eignung für die eine Situation bedeutete einen Verlust der Eignung für die andere. Die Füße der Affen können den Ast fest umklammern, indem sie sich um seine gegenüberliegenden, schrägen Seiten krümmen, und diese Tiere verdanken dies zweifellos ihren gebogenen Beinen und ihrer Neigung, auf der Außenkante des Fußes zu gehen. Diese Veranlagung verlor der Menschenaffe, als sich sein Fuß an die Erdoberfläche anpasste. Wahrscheinlich blieb es in gewissem Maße bei den Jungen erhalten, nachdem es durch die reife Form verloren gegangen war , und manifestiert sich noch immer in der Stellung des Fußes beim menschlichen Embryo.

Diese Überlegungen bringen uns zu einer wichtigen Frage: Warum hat der Menschenaffe eine Armlänge gewonnen, die nicht optimal zu seinem Baumlebensraum passte? Warum kommt es überhaupt jemals zu Veränderungen in der physischen Struktur? Wie gelingt es einem Tier, von einer Lebensweise in eine andere überzugehen, wenn es während der Übergangsperiode an eine der beiden nur unvollkommen angepasst ist und daher im Kampf ums Dasein scheinbar im Nachteil ist? Das Studium der Tierentwicklung hat zu bestimmten schwierigen Problemen dieser Art geführt, von denen einige gelöst werden konnten, indem gezeigt wurde, dass der vermeintliche Nachteil nicht auftrat oder dass er durch einen gleichwertigen Vorteil ausgeglichen wurde. Auf diese Weise wurde möglicherweise gelegentlich eine erhebliche Lücke in den Lebensbedingungen geschlossen. Kleinere Lücken sind zweifellos häufig auf die gleiche Weise übergangen worden.

Bei den Menschenaffen bemerken wir eine erhebliche Variation in der Länge der Arme, von den sehr langen Armen des Gibbons bis zu den vergleichsweise kurzen Armen des Schimpansen. Diese Unterschiede sind wahrscheinlich das Ergebnis einiger Unterschiede in ihren Lebensgewohnheiten und stehen im Einklang mit der Möglichkeit eines noch kürzeren Arms beim Menschenaffen. Wie wir später zeigen werden, gibt es jedoch Grund zu der Annahme, dass der Arm dieses Tieres länger und das Bein kürzer war als beim Menschen selbst, wobei sich ihre Vergleichslänge möglicherweise nicht wesentlich von der des Schimpansen unterschied. Abgesehen von allen anderen Überlegungen konnte die Verwendung der Beine als einziges Fortbewegungsorgan zwangsläufig zu diesem Ergebnis führen, da die Beine infolge der erhöhten Belastung, die ihnen auferlegt wurde, länger und stärker wurden und die Arme dadurch kürzer und schwächer wurden ihre Entlassung aus dem Dienst in Fortbewegung. Der Fall unterscheidet sich im Charakter nicht von denen der Dinosauria und der Kängurus, bei denen in beiden Fällen eine Befreiung der Arme von der Pflicht beim Gehen zu einer beträchtlichen Abnahme von Länge und Kraft führte, während die Beine proportional stärker wurden.

Wenn irgendein Nachteil mit der Verkürzung der Arme des Menschenaffen einherging, so war dies, sofern dies im Baum geschehen sein mag, wahrscheinlich mit einem Vorteil verbunden. Bei den verschiedenen angeführten Fällen von kurzarmigen Tieren scheint dies der Fall gewesen zu sein, und wahrscheinlich war es auch bei der Vorfahrenform des Menschen der Fall. Während die Hände weiterhin dazu dienten, das Tier zu greifen und ihm zu ermöglichen, seinen Platz auf den Ästen zu behalten, wurden sie möglicherweise nach und nach für andere Zwecke verwendet, was zur Folge hatte, dass das Tier den Baum als Wohnort weniger wünschenswert fand und suchte stattdessen den Boden. Dies wäre insbesondere dann der Fall, wenn die neue Pflicht am besten vor Ort ausgeübt werden könnte.

Sollen wir einen Vorschlag für diese neue Verwendung machen? Solche Veränderungen sind normalerweise das Ergebnis einer Änderung der Gewohnheiten des Tieres, häufig im Zusammenhang mit seiner Nahrung. Eine Änderung der Ernährung oder der Art der Nahrungsaufnahme ist die einflussreichste Ursache für die Änderung der Gewohnheiten bei Tieren und diejenige, die zuerst in Betracht gezogen werden muss.

Die Affen sind, wenn auch nicht ausschließlich, genügsame Tiere. Viele von ihnen zeigen fleischfressende Tendenzen. Sie berauben Vogelnester ihrer Eier und Jungen, sie fangen und verschlingen Schlangen und andere Kleintiere. In zoologischen Gärten werden häufig Affen beobachtet, die Mäuse fangen und fressen. Es ist offensichtlich, dass viele von ihnen unter geeigneten Bedingungen leicht zu einem großen Teil fleischfressend werden könnten. Die großen Menschenaffen sind normalerweise genügsam, einige von ihnen fressen jedoch auch tierische Nahrung. Dies ist sowohl beim Schimpansen als auch beim Gorilla der Fall. Letztere ernähren sich zwar meist von Früchten und richten oft Chaos auf den Zuckerrohrplantagen und Reisfeldern der Eingeborenen an, fressen aber auch Vögel und deren Eier, kleine Säugetiere und Reptilien und sollen allerdings auch große Tiere verschlingen, wenn sie tot aufgefunden werden es versucht nicht, sie zum Essen zu töten. Der junge Gorilla, der in Berlin in Gefangenschaft gehalten wurde, wurde in seiner Ernährung zu einem Allesfresser.

Bei all dieser Bereitschaft, tierische Nahrung zu sich zu nehmen, ist keiner der existierenden Affen in größerem Maße fleischfressend, aber die Tatsache dieser Neigung macht es nicht unwahrscheinlich, dass einige der Affen der Vergangenheit dies in viel stärkerem Maße gewesen sein könnten. Es liegt beispielsweise durchaus im Rahmen der Wahrscheinlichkeit, dass der Affenmensch schon früh in seiner Ernährung Allesfresser wurde. Die Strukturveränderung könnte durchaus das Ergebnis einer entschiedenen Ernährungsumstellung gewesen sein, beispielsweise von Obst auf Fleisch. Eine so radikale Umstellung von pflanzlicher auf tierische Nahrung würde sicherlich einen aktiveren Einsatz der Waffen als Agenten bei der Gefangennahme erfordern. Früchte und Nüsse warten darauf, gepflückt zu werden; Tiere müssen gefangen werden, bevor sie gegessen werden können. Ersteres ist für ein Baumtier eine leichte Angelegenheit; Letzteres könnte sich als schwierig erweisen, insbesondere wenn große Tiere gefangen werden sollten.

Kurz gesagt, die Verfolgung und der Fang eines größeren Beutetiers musste zwangsläufig zu einer erheblichen Veränderung des Waffengebrauchs führen. Ihr Einsatz zur Fortbewegung würde ihren Nutzen in dieser Richtung ernsthaft beeinträchtigen. Um einem Tier mit affenähnlichen Händen erfolgreich flinke Beute fangen zu können, wäre eine beträchtliche Freiheit der Arme erforderlich, und die Bewegung müsste hauptsächlich, wenn nicht sogar vollständig, auf die Füße angewiesen sein. Der Affe hat nicht die scharfen Krallen der Fleischfresser, mit denen er seine Beute ergreifen und festhalten kann. Es muss gezwungen gewesen sein, zu diesem Zweck seine Handflächen zu benutzen, und das hätte es nicht tun können, wenn sie nicht frei in ihrer Aktion gewesen wären.

Es ist zwar denkbar, dass der Menschenaffe seine Beute heruntergerannt hat oder aus dem Verborgenen auf sie gesprungen ist und sie mit den Händen gepackt hat, aber es gibt guten Grund zu der Annahme, dass dies nicht seine Art der Gefangennahme war. Die Organisation des Affenstammes verleiht ihm eine charakteristische Handlung, die in keiner anderen Gruppe des riesigen Tierreichs zu finden ist, nämlich das Hantieren und Werfen von Raketen. Darin steht es notwendigerweise allein da, da kein anderes Tier eine Greifhandfläche hat. Die Macht ist von größter Bedeutung, denn ohne sie können wir nicht erkennen, wie der Mensch jemals aus dem allgemeinen Tierreich hätte hervortreten können. Der Einsatz von Raketen ist bei den Affen keine Seltenheit. Wir können die Geschichte, dass amerikanische Affen Kokosnüsse von den Baumwipfeln auf diejenigen werfen, die von unten mit Steinen auf sie schleudern, nicht mit Sicherheit akzeptieren, da die Kokosnüsse für die Stärke dieser kleinen Arten zu schwer und zu fest an ihrer Stütze befestigt zu sein scheinen. aber es ist nicht ungewöhnlich, dass sie leichtere Gegenstände werfen. Doch dabei scheinen sie meist keine Ahnung vom Ziel zu haben, sondern werfen die Rakete ziellos in die Luft. Von den großen Affen bricht der Orang Zweige ab und schleudert sie auf seine Peiniger, oder er wirft die dicken Schalen der Durianfrucht, allerdings mit ähnlicher Ziellosigkeit. Am geschicktesten bei dieser Übung sind einige

Pavianarten, die mit großer Geschicklichkeit Äste, Steine oder harte Erdklumpen schleudern können.

Es ist von Interesse, existierende Affen zu finden, die ihre Greifkraft auf diese Weise nutzen, da uns dies unweigerlich zu dem Schluss führt, dass der Menschenaffe möglicherweise dasselbe getan hat. Die Spezies, die Raketen einsetzen, gelingt es aus zwei Gründen nicht, zu zielen: Erstens setzen sie sie nur gelegentlich ein, oft als Nachahmung menschlichen Handelns, und zweitens sind ihre Waffen aufgrund ihres ständigen Einsatzes für eine andere Aufgabe für diese Bewegung schlecht geeignet. Im Fall des Menschenaffen können wir zu Recht nach einem wirksameren Ergebnis suchen, da die Arme, wenn sie von ihrer Pflicht zur Fortbewegung befreit wurden , frei waren, um in andere Richtungen zu operieren.

Wenn der Menschenaffe darüber hinaus anfängt, Raketen zu einem bestimmten Zweck zu verwenden, nämlich zum Niederschlagen tierischer Beute, so dass der Einsatz solcher Waffen zur Gewohnheit wird und nicht mehr nur gelegentlich, wird er bald eine gewisse Zielfähigkeit und Zielfähigkeit erlangen wachsende Kraft und Geschicklichkeit in der Wurfbewegung. Es ist auch sehr wahrscheinlich, dass früher Waffen in Form von Keulen eingesetzt wurden, die im Griff gehalten wurden, um die Beute niederzuschlagen, wenn sie überholt wurde. In diesem Fall können wir uns vorstellen, dass unser primitiver Zweibeiner mit der Keule in der Hand schnell seiner Beute nachläuft und sie angreift, wenn er in Reichweite ist. oder, wenn es sich als zu schnell erweisen sollte, die Keule oder einen Stein durch die Luft schleudern in der Hoffnung, ihn auf diese Weise zu Fall zu bringen. Solch eine schleudernde Aktion würde, wenn sie hin und wieder Erfolg hatte, wahrscheinlich bald zur Gewohnheit werden; während sich der Arm an diese neue Bewegung gewöhnt und Geschick beim Zielen erlangt. Wir können auch vernünftigerweise schließen, dass die Keule sowohl zur Verteidigung als auch zum Angriff eingesetzt werden würde , falls der Menschenaffe seinerseits von größeren Tieren verfolgt würde. Anstatt zum nächsten Baum zu fliehen, könnte es jetzt standhaft bleiben und seinen Feind abwehren.

Alle müssen zugeben, dass es in einem großen Stamm von Tieren, die Greifkraft in ihren Händen haben und die Gewohnheit haben, gelegentlich Geschosse zu benutzen, wahrscheinlich ist, dass eine oder mehrere Arten dazu kommen, sie gewohnheitsmäßig zu benutzen. Alle Menschenaffen sind sicherlich intelligent genug, dies zu tun, wenn es sich für sie als vorteilhaft erweisen sollte. Sein Hauptvorteil scheint jedoch darin zu liegen, dass die Art weitgehend fleischfressend geworden ist und rennende oder fliegende Beute fangen muss.

Der Gebrauch von Werkzeugen ist für die Evolution der Tiere von größter Bedeutung. Ihr verdanken wir den Menschen, wie er heute existiert. Während sich die Tiere auf ihre natürlichen Waffen Zähne und Klauen beschränkten, muss ihre Entwicklung sehr langsam verlaufen sein und sich auf enge Grenzen beschränken. Als sie einst begannen, ihre natürlichen Kräfte durch den Einsatz künstlicher Waffen mit denen der umgebenden Natur zu ergänzen, war der erste Schritt in eine neue und grenzenlose Reihe der Evolution getan. Von diesem Tag an bis heute war der Mensch damit beschäftigt, diese Methode zu entfalten, und hat enorme Fortschritte über seinen ursprünglichen Zustand hinaus gemacht. Ein grober und einfacher Einsatz von Waffen verschaffte ihm mit der Zeit die Vorherrschaft über alle niederen Tiere. Ein fortgeschrittener Einsatz von Waffen und Werkzeugen hat ihm in gewissem Maße die Vorherrschaft über die Natur selbst verschafft und ihn auf eine Stufe gehoben, die fast unendlich über die des Tieres hinausgeht, das sich ausschließlich auf Zähne und Krallen verlässt.

Soweit wir wissen, hat nur eine der unzähligen Tierarten diese Entwicklung erreicht; es sei denn, die verschiedenen Menschenrassen hatten tatsächlich mehr als einen Affen-Vorfahren. Für die Entstehung des Menschen war zunächst die Entwicklung einer Tierordnung mit Greifkraft in ihren Händen notwendig; und zweitens die Entwicklung einer oder mehrerer Zweibeinerarten, deren Hände von der Funktion als Gehorgane befreit und in andere Richtungen einsetzbar sind. Eine dritte Notwendigkeit war höchstwahrscheinlich der Austausch der genügsamen gegen die fleischfressende Lebensweise, die als prädisponierendes Mittel dazu dienen würde, das Tier dazu zu bringen, den Baum zu verlassen und sich auf den Boden zu begeben und bei der Jagd Waffen einzusetzen. Das Endergebnis all dessen wäre ein aufrechtes, gehendes und rennendes Tier, dessen Arme und Hände völlig frei von ihrer alten Pflicht wären, außer bei einer gelegentlichen Rückkehr zum Baum, und mit der notwendigen Begradigung der Gelenke und der Entwicklung der Stützmuskulatur.

Was oben dargelegt wurde, ist zweifellos größtenteils eine Reihe von Annahmen und Vermutungen, von denen nur wenige durch bekannte Fakten gestützt werden. Beim jetzigen Stand der Dinge kann jedoch keine andere Methode gewählt werden, um damit umzugehen, da die Fakten in diesem Fall größtenteils verschwunden sind. Was wir mit Sicherheit wissen, ist, dass der Mensch existiert und dass er in seiner physischen Struktur sehr eng mit den Menschenaffen verwandt ist. Wir haben guten Grund zu der Gewissheit, dass der Mensch von niederen Tieren und aller Wahrscheinlichkeit nach von einem affenähnlichen Vorfahren abstammt. Wir wissen, dass eine oder mehrere Arten von Menschenaffen ausgestorben sind, und können vernünftigerweise vermuten, dass sich eine alte Art in die Form des Menschen verwandelt hat. Wir wissen, dass menschliche Überreste gefunden wurden, die zu einem kleinen Teil die Lücke zwischen Mensch und Affe füllen. Entsprechende Hinweise gibt es in den unterschiedlichen Längen der Gliedmaßen der existierenden Anthropoiden, ihren Bemühungen, aufrecht zu gehen, ihrer unterschiedlichen Abhängigkeit von den Armen zur Fortbewegung und dem gelegentlichen Einsatz von Raketen durch diese und niedrigere Formen. Hinzu kommt der fleischfressende Geschmack vieler Mitglieder der Affenfamilie, was darauf hindeutet, dass man leicht ausgeprägtere fleischfressende Gewohnheiten annehmen könnte.

Wenn wir davon ausgehen, dass solch ein teilweise fleischfressender Menschenaffe mit zweifüßiger Struktur aufgetaucht ist und den Boden zu seinem gewöhnlichen Aufenthaltsort gemacht hat, befinden wir uns auf der direkten Spur des Menschen. So lange dies auch zurückliegen mag und so weit und schwierig die Reise auch war, so war der Weg von da an gerade und klar vorgezeichnet. Ein solches Tier, das sich größtenteils von tierischer Nahrung ernährt und beim Fangen von Beute Waffen einsetzt, die seinen natürlichen Waffen überlegen sind, war im Wesentlichen ein Mensch, auch wenn seine Intelligenz noch so niedrig gewesen sein mag. Seine Füße waren fest auf dem Weg nach oben verankert, und es brauchte nur Zeit und Stress der Umstände, um es auf die hohe Ebene des zivilisierten Menschen zu tragen.

Wir können tatsächlich noch weiter gehen. Wir können zu einem gewissen Grad mit Recht sagen, wie dieser Menschenaffe aussah, dieses Geschöpf, das sein ursprüngliches Zuhause in den Bäumen verlassen hatte und begann, aufrecht über die Erde zu gehen, die größeren Tiere zu verfolgen und sie als Nahrung zu fangen. Es war wahrscheinlich viel kleiner als der heutige Mensch, kaum größer als einen Meter und nicht mehr als halb so schwer wie ein Mensch. Sein Körper war, wenn auch nicht üppig, mit Haaren bedeckt, wobei das Haar auf dem Kopf wollig oder kraus war und das Gesicht mit einem Bart versehen war. Der Teint war nicht pechschwarz wie bei einem typischen Neger, sondern von einem matten Braunton, und das Haar hatte eine etwas ähnliche Farbe. Die Arme waren schlank und ziemlich lang, der Rücken stark gebogen, die Brust flach und schmal, der Bauch hervorstehend, die Beine eher kurz und gebogen, der Gang war eine watschelnde Bewegung, etwa wie die des Gibbons. Es hatte kleine, tief liegende Augen, einen stark hervortretenden Mund mit aufgerissenen Lippen, riesige Ohren und im Allgemeinen ein sehr affenähnliches Aussehen. Unsere Gewähr für diese Beschreibung des Vorfahren des Menschen muss einem späteren Teil unserer Arbeit vorbehalten bleiben. Wir sagen hier nur, dass es auf bekannten Tatsachen und nicht auf Einbildung beruht.

VI
DIE ENTWICKLUNG DER INTELLIGENZ

Die vollständige Übernahme der aufrechten Haltung verschaffte dem Vorfahren des Menschen eine immense motorische Überlegenheit gegenüber den niederen Tieren, denn dadurch wurden seine Vorderbeine vollständig von der Pflicht als Stützorgane befreit und für neue und höhere Zwecke freigesetzt. Im gesamten Tierreich unterhalb des Menschen gibt es nur eine einzige Form, die ihm in diesem Besitz eines Greiforgans nacheifert, das weder am Gehen noch an anderen Fortbewegungsarten beteiligt ist. Dies ist der Elefant, dessen Nase und Oberlippe sich zu einem riesigen und äußerst flexiblen Rüssel mit feinen Greifkräften entwickelt haben. Der Besitz dieses Organs könnte viel mit der intellektuellen Leistungsfähigkeit des Elefanten zu tun haben. Dennoch ist es in seinen Kräften dem Arm und der Hand des Menschen weit unterlegen; während Form, Größe und Nahrung des Elefanten dem Fortschritt im Wege stehen, den ein Tier mit einem solchen Organ in Verbindung mit einer besser angepassten Körperstruktur hätte machen können.

Über einen Zeitraum von vielen Millionen Jahren blieb die Welt der Wirbeltiere vierbeinig, oder wo eine Abweichung von dieser Struktur stattfand, blieben die Vorderbeine weitgehend Fortbewegungsorgane. Endlich erschien ein echter Zweibeiner. Über einen Zeitraum von gleicher Dauer war der geistige Fortschritt der Tiere außerordentlich langsam. Dann erschien mit fast erschreckender Plötzlichkeit ein hochintellektuelles Tier. Somit deutete die Ankunft des Menschen in zweierlei Hinsicht auf eine außergewöhnliche Abweichung vom normalen Verlauf der tierischen Entwicklung hin. Sowohl die physische als auch die geistige Entwicklung schien einen enormen Sprung zu machen, anstatt in den üblichen winzigen Schritten voranzukommen, und mit der Ankunft des Menschen haben wir ein Phänomen, das in der Entwicklung des Körpers und des Geistes gleichermaßen bemerkenswert ist.

Bisher war unsere Aufmerksamkeit auf die Entwicklung des menschlichen Körpers gerichtet, jetzt müssen wir uns mit der Entwicklung des menschlichen Geistes befassen . Als wir im Tierreich nach dem wahrscheinlichen Vorfahren des Menschen in seinem körperlichen Aspekt suchten, fühlten wir uns unwiderstehlich zum Affenstamm hingezogen, da er der einzige war, der ihm in seiner Struktur auch nur annähernd nahekam. Wenn wir den Fall vom Gesichtspunkt der geistigen Entwicklung aus betrachten, stellen wir eine ähnliche unwiderstehliche Anziehungskraft auf die Affen als die spontan intelligentesten Säugetiere fest . Während viele der niederen Tiere belehrbar sind, ist der Affe nahezu der Einzige, der über die

Fähigkeit verfügt, selbstständig zu denken, was ein Merkmal der Selbsterziehung ist.

Unzählige Aussagen von Beobachtern ließen sich als Beweis für die überlegene geistige Leistungsfähigkeit der Affen anführen. Hartmann sagt über sie, dass „ihre Intelligenz sie weit über andere Säugetiere stellt", und Romanes, dass sie „im Umfang ihrer rationalen Fähigkeiten sicherlich alle anderen Tiere übertreffen". Es ist kaum notwendig, hier ausführliche Beispiele für die Intelligenz von Affen zu nennen. Es liegen Hunderte von Fällen vor, von denen viele die bemerkenswerte Denkfähigkeit eines niederen Tieres belegen. Es stimmt, dass der Affe nicht der Einzige ist, der belehrbar ist. Fast alle Haustiere können unterrichtet werden, der Hund und der Elefant in erheblichem Umfang. Und hin und wieder gibt es bei den domestizierten Arten Anzeichen dafür, dass sie sich über ein bestimmtes Thema Gedanken machen; aber das sind seltene Fälle, keine häufigen Taten wie im Fall der Affen.

Die Affen brauchen tatsächlich selten Unterricht. Sie beobachten und imitieren in einem Ausmaß, das weit über das hinausgeht, was andere niedere Tiere an den Tag legen, und das ist umso bemerkenswerter, als die betreffenden Tiere in fast allen Fällen ihr Leben in freier Wildbahn begannen und keinen der Vorteile eines erblichen Einflusses hatten im Besitz des domestizierten Hundes und Pferdes. Zu den interessantesten Beispielen für spontane Intelligenzakte des Affenstamms gehören diejenigen, die Romanes in seiner „Tierintelligenz" über die Taten eines Cebus -Affen berichtet, den er mehrere Monate lang in seinem eigenen Haus genau beobachtete. Anstatt allgemeine Beispiele für Affenhandlungen auszuwählen, können wir einige Taten dieser intelligenten Kreatur anführen.

Der Cebus wartete nicht darauf, dass ihm gezeigt wurde, wie man Dinge erledigt, sondern war ein Meister darin, Wege zu finden, sie selbst zu erledigen. Er hatte eine ausgeprägte Affenliebe für Unfug, und nicht viel, das zerbrechlich war, ging unversehrt aus seinen Händen. Als er einen Eierbecher nicht zerbrechen konnte, indem er ihn auf den Boden schleuderte, hämmerte er ihn auf den Pfosten eines Messingbettgestells, bis er in Bruchstücke zerfiel. Um einen Stock zu brechen, führte er ihn zwischen einem schweren Gegenstand und der Wand hindurch und zerbrach ihn, indem er an seinem Ende hing. Beim Zerstören eines Kleidungsstücks begann er damit, vorsichtig die Fäden herauszuziehen und es anschließend mit den Zähnen in Stücke zu reißen. Seine Nüsse zerschmetterte er mit einem Hammer, genau wie ein Mann es getan hätte und ohne dass ihm gezeigt wurde, wie nützlich er war. Spott gefiel ihm nicht; Es war ihm zutiefst unangenehm, ausgelacht zu werden, und er warf alles, was in Reichweite war, auf seinen Peiniger, und zwar mit einer Geschicklichkeit und Kraft, die bei Affen nicht üblich war. Er nahm die Rakete in beide Hände und stand aufrecht, streckte seine langen Arme hinter seinem Rücken aus und schleuderte den Gegenstand, indem er sie gewaltsam nach vorne bewegte.

Wenn ein Gegenstand, den er wollte, zu weit entfernt war, um ihn zu erreichen, zog er ihn mit einem Stock auf sich zu. Da ihm dies nicht gelang, wurde beobachtet, wie er einen Schal über seinen Kopf warf und ihn dann mit aller Kraft nach vorne warf, wobei er ihn an zwei Ecken festhielt. Als es über den Gegenstand fiel, brachte er diesen durch Einziehen des Schals in seine Reichweite. Bei seinen Bewegungen verdrehte sich die Kette, an der er befestigt war, oft um einen Gegenstand. Er untersuchte es nun aufmerksam und zog es mit den Fingern in entgegengesetzte Richtungen, bis er herausgefunden hatte, wie die Kurven verliefen. Nachdem dies erledigt war, kehrte er seine Bewegungen vorsichtig um, bis sich die Kette vollständig gelöst hatte.

Der auffälligste Akt der Intelligenz, der über dieses Geschöpf erzählt wurde, war sein Umgang mit einem Kaminbesen, der ihm in die Hände fiel und dessen Stiel in den Besen geschraubt wurde. Es dauerte nicht lange, bis er herausfand, wie man den Griff abschraubte. Als dies erreicht war, begann er sofort, es erneut zu vermasseln. Dabei bewies er großen Einfallsreichtum. Zuerst steckte er das falsche Ende des Griffs in das Loch und drehte ihn zum Schrauben immer wieder in die richtige Richtung . Als er feststellte, dass dies nicht funktionieren würde, nahm er es heraus und probierte es am anderen Ende, wobei er sich immer in die richtige Richtung drehte. Es war eine schwierige Aufgabe, da er die Schraube mit beiden Händen drehen musste, während die flexiblen Borsten der Bürste verhinderten, dass sie stabil blieb. Um seine Arbeit zu erleichtern, hielt er nun die Bürste mit einem Fuß und drehte sich mit beiden Händen. Es war immer noch schwierig, die erste Umdrehung der Schraube zu machen, aber er arbeitete mit unermüdlicher Beharrlichkeit weiter, bis er das Gewinde festhielt, und schraubte es dann bis zum Ende hinein. Das Bemerkenswerte daran war, dass er nie versuchte, den Griff in die falsche Richtung zu drehen, sondern ihn immer von links nach rechts drehte, als wüsste er, dass er die ursprüngliche Bewegung umkehren musste. Als das Kunststück vollbracht war, wiederholte er es und fuhr damit fort, bis es ihm leicht gelang, es auszuführen. Dann warf er den Pinsel beiseite und interessierte sich offenbar nicht mehr für das, woran er so beharrlich gearbeitet hatte. Kein Mensch hätte sich ernsthafter dem Erlernen einer neuen Kunst widmen und ihr gegenüber gleichgültiger werden können, wenn er sie einmal erlernt hätte. Dies sind nur einige der vielen Intelligenzakte, die Herr Romanes bei den Taten dieses Tieres beobachtet hat. Sie werden als Beispiele dafür genügen, was wir unter spontaner Intelligenz verstehen. Dem Cebus musste nicht gezeigt werden, wie man Dinge macht; Es erledigte sie für sich selbst, so wie es ein Mensch getan hätte, und führte Handlungen von einer Komplexität aus, die weit über alles hinausgeht, was jemals bei anderen

Tierklassen in Gefangenschaft beobachtet wurde. Man kann weiter sagen, dass die Demonstrationen spontaner Intelligenz, die Hunde, Katzen und ähnliche Tiere an den Tag legen, normalerweise in irgendeiner Weise zum Vorteil des Tieres gedacht waren; Es liegen nur wenige oder gar keine vor, die auf den bloßen Wunsch hindeuten, es ohne weiteren Vorteil zu wissen. keine beharrliche Anstrengung wie beim Pinsel, der reine Selbsterziehung ist.

Beispiele für Intelligenz dieses fortgeschrittenen Charakters könnten aus der Beobachtung von Affen verschiedener Arten angeführt werden. Die Menschenaffen wurden nicht in großem Umfang beobachtet, zeichnen sich aber in Gefangenschaft durch ihre Intelligenz aus. Es ist nicht leicht, sie im Naturzustand zu beobachten, und fast alles, was wir wissen, ist, dass der Orang sich nachts ein Bett aus abgebrochenen und sorgfältig zusammengelegten Zweigen bildet und sich im Bett mit großen Blättern bedeckt, wenn dies der Fall ist Das Wetter ist nass. Der Schimpanse hat eine ähnliche Angewohnheit, und der Gorilla soll sich ein Nest bauen, in dem das Weibchen und die Jungen schlafen, während das alte Männchen am Fuße des Baumes ruht, auf der Hut vor seinem gefährlichen Feind, dem Leoparden.

Es sind die jungen Tiere dieser Arten, die am sozialsten und fügsamsten sind und im Aussehen dem Menschen am nächsten kommen. Je älter sie werden, desto ausgeprägter werden ihre spezifischen Charaktere. Wild und mürrisch wie der alte Gorilla sind die Jungen dieser Art in Gefangenschaft verspielt und anhänglich und neigen zu schelmischen Tricks. Das Exemplar, das eine Zeit lang in Berlin aufbewahrt wurde, zeigte viel Gutmütigkeit, Verspieltheit und Intelligenz und ein gewisses Maß an affenartigem Schalk. Es war bei der Ausführung seiner Pläne sehr geschickt, insbesondere beim Diebstahl von Zucker, den es sehr liebte.

Als wichtigste Beispiele anthropoider Intelligenz werden Schimpansen genannt, die am häufigsten in Gefangenschaft gehalten wurden. Es ist normalerweise lebhaft und gutmütig und sehr lehrreich. Einige der Geschichten über seine Intelligenz mögen apokryphisch sein, wie die von Kapitän Grandpré erzählten von einem Schimpansen, der alle Pflichten eines Seemanns an Bord eines Schiffes erfüllte, und von einem Schimpansen, der den Ofen für einen Bäcker heizte und ihn informierte, wenn es soweit war die richtige Temperatur. Es gibt jedoch authentische Geschichten über die Intelligenz von Schimpansen, die ihnen in dieser Hinsicht einen hohen Stellenwert unter den niederen Tieren verschaffen.

Auch die emotionale Natur des Affen ist hoch entwickelt. Es zeigt eine Zuneigung, die der des Hundes gleichkommt, und ein Mitgefühl, das jedes andere Tier unterhalb des Menschen übertrifft. Das Gefühl, das Affen für andere ihrer Art empfinden, die Schmerzen haben, ist von höchst ergreifender Natur, und Brehm berichtet, dass bei den Affen bestimmter

Arten, die er in Afrika in Gewahrsam hielt, die Trauer der Weibchen über den Verlust ihrer Jungen so groß war intensiv, um ihren Tod zu verursachen. Mehr als einmal hat ein leidenschaftlicher Jäger solche Beispiele zärtlicher Fürsorge der Affen für die Verwundeten und der Trauer um die Toten gesehen, dass er sich entschloss, nie wieder auf einen Affen dieser Rasse zu schießen .

James Forbes berichtet in seinen „Oriental Memoirs" über ein bemerkenswertes Beispiel dieser Art. Einer von einer Schießerei hatte ein Affenweibchen in einem Banianbaum getötet und zu seinem Zelt getragen. Vierzig oder fünfzig Mitglieder des Stammes versammelten sich bald um das Zelt, plapperten wütend und drohten mit einem Angriff, von dem sie nur durch das Vorzeigen der Jagdflinte abgelenkt wurden, deren Wirkung sie vollkommen zu verstehen schienen. Doch während die anderen sich zurückzogen, blieb der Anführer der Truppe standhaft und setzte sein Drohgeschwätz fort. Als er feststellte, dass dies vergeblich war, kam er zur Tür des Zeltes, stöhnte traurig und schien durch seine Gesten um die Leiche zu betteln. Als es ihm gegeben wurde, nahm er es voller Trauer auf die Arme und trug es zu der wartenden Truppe. Dieser Jäger hat nie wieder einen Affen erschossen.

Dieses tiefe Gefühl für die Toten ist bei Affen wahrscheinlich nicht üblich. Der Gibbon zum Beispiel soll sich nicht um die Toten kümmern. Allerdings ist er gegenüber verletzten und kranken Kameraden äußerst mitfühlend, und dieses Gefühl scheint allen Affen gemeinsam zu sein. Kein Mensch könnte sich liebevoller um verwundete oder hilflose Kameraden kümmern, als dies oft bei Mitgliedern dieses liebevollen Tierstammes der Fall war.

Ohne weitere Beispiele für die Intelligenz und das Mitgefühl der Affen zu nennen, können wir sagen, dass sie in deutlichem Maße über die geistigen Fähigkeiten verfügen, denen der Mensch so viel zu verdanken hat, nämlich: Beobachtung und Nachahmung. Der Affe ist das neugierigste der niederen Tiere – das heißt, er besitzt die Fähigkeit zur Beobachtung in ungewöhnlichem Maße. Was wir beim Affen Neugier nennen, ist die Grundform der Eigenschaft, die wir beim Menschen Aufmerksamkeit oder Beobachtung nennen. Seine scheinbar große Aktivität beim Affen ist das, was man natürlicherweise von einem aufmerksamen Tier erwarten kann, wenn es aus seinem natürlichen Lebensraum an einen Ort gebracht wird, an dem alles um es herum neu und fremd ist. Der Mensch ist unter ähnlichen Umständen ebenso neugierig wie der Affe, während dieser in seinen einheimischen Bäumen wahrscheinlich wenig findet, was seine besondere Aufmerksamkeit erregen könnte. Sowohl beim Menschen als auch beim Affen braucht es Neues, um die Neugier zu wecken.

Auch hier ist der Affe in hohem Maße nachahmend. Auch diese Fähigkeit teilt es nicht mit den niederen Tieren, sondern mit dem Menschen, wobei Nachahmung eine der Methoden ist, durch die er seine Überlegenheit erlangt hat. Beobachtung, Nachahmung und Bildung sind die drei Hebel in der Entwicklung des menschlichen Intellekts. Die ersten beiden davon besitzt der Affe in deutlichem Maße. Es ist auch für Letzteres empfänglich und sehr lehrreich. Bei den Affen in ihrem natürlichen Lebensraum gibt es sicherlich bis zu einem gewissen Grad Bildung, vielleicht in ebenso großem Umfang wie beim Urmenschen. Im letzteren Fall ist es zweifelhaft, ob es überhaupt etwas gab, was man als „gestaltete Bildung" bezeichnen könnte, wobei die Jungen ihren Wissensgrad durch Beobachtung und Nachahmung ihrer Älteren erlangen. Dasselbe ist sicherlich auch bei den Affen der Fall.

Wir können vernünftigerweise fragen, was im Leben und im Charakter der Affen steckt, die ihnen diese geistige Überlegenheit gegenüber den übrigen niederen Tieren verleihen. Das liegt gewiss nicht am Baumleben und der Greifkraft dieser Tiere, denn in dieser Hinsicht ähneln sie den Lemuren, denen es an Intelligenz sehr mangelt. Ob die Affen aus den Lemuren hervorgegangen sind oder ob sich die beiden Gruppen nebeneinander entwickelt haben, ist noch ungeklärt; Auf jeden Fall sind sie in ihren Existenzbedingungen sehr ähnlich. Doch während die Affen die intelligentesten und lehrreichsten Tiere sind, gehören die Lemuren zu den am wenigsten intelligenten Säugetieren . Hier liegt ein deutlicher Unterschied vor, der offensichtlich nicht auf Unterschiede in der Struktur oder im Lebensraum zurückzuführen ist, sondern seinen Ursprung in einem anderen Merkmal haben muss, beispielsweise in Unterschieden in den Lebensgewohnheiten.

Es gibt sicherlich nichts in der Ernährung des Affen, das zur Entwicklung der Intelligenz beiträgt. Bei den frugivierenden und pflanzenfressenden Tieren ist die List und Klugheit nicht annähernd so groß wie bei den fleischfressenden Tieren. Sie müssen keine Beute verfolgen oder auf sie lauern; und sie entkommen ihren Feinden hauptsächlich durch Stärke, Geschwindigkeit, Tarnung oder andere physische Kräfte oder Methoden. Flucht kann gelegentlich geistige Wachsamkeit entwickeln, tut dies aber normalerweise nicht. Wenn die wachsamen, wachsamen und misstrauischen Gewohnheiten der Affen sicherlich auf die Notwendigkeit zurückzuführen sind, gefährlichen Feinden auszuweichen, könnten wir natürlich bei den Lemuren, die sich in einer ähnlichen Lage befinden, nach ähnlichen Gewohnheiten suchen . Und wenn wir die weite Verbreitung der Affen in den Tropen beider Hemisphären und ihre große Arten- und Zustandsvielfalt berücksichtigen, erscheint es sehr unwahrscheinlich, dass ihre Beziehungen zu anderen Tieren an all diesen Orten so sein würden, dass sie die geistige Wachsamkeit entwickeln, die sie benötigen Sie zeigen sich so allgemein.

Tatsache scheint zu sein, dass dies zwar eine Ursache, aber keine Hauptursache für die geistige Entwicklung bei Tieren ist und dass wir den Ursprung der tierischen Intelligenz woanders suchen müssen.

Die Forschung führt uns tatsächlich zu Beispielen für Intelligenz, wo wir sie am wenigsten erwarten sollten. Unter den Säugetieren sehen wir ein markantes Beispiel im Biber, dem einzigen in der großen Klasse der Nagetiere mit ihren neunhundert oder mehr Arten. Aber wir müssen noch tiefer zu den Insekten gehen, um die auffälligsten Beispiele zu finden, und finden sie unter der riesigen Vielzahl von Insektenformen allein bei den Ameisen, den Bienen und den Termiten. Weniger ausgeprägte Fälle treten bei Elefanten, einigen Vögeln und bestimmten anderen Herdentieren auf.

Aus diesen Beispielen und dem, was anderswo über die Intelligenz von Tieren bekannt ist, lässt sich die allgemeine Schlussfolgerung ziehen, dass alle auffallend intelligenten Tiere in ihren Gewohnheiten stark sozial sind und dass bei Einzelgängern keine ausgeprägte Zurschaustellung von Intelligenz zu finden ist. Diese Schlussfolgerung wird im Fall der Ameisen und Bienen fast zu einer Demonstration. Die Ameisen zum Beispiel umfassen Hunderte von Arten, die über den größten Teil der Welt verbreitet sind, hauptsächlich gesellig, gelegentlich aber auch Einzelgänger. Obwohl sich die Lebensgewohnheiten der sozialen Arten stark unterscheiden, verfügen sie alle über Intelligenzkräfte, und diese sind so unterschiedlich, dass sie auf viele verschiedene Entwicklungslinien hinweisen. Die einzeln lebenden Ameisen hingegen zeigen keine besondere Intelligenz und erheben sich nicht über das allgemeine Niveau der Insekten. Das Gleiche gilt auch für die Bienen. Die Bienenstockbiene ist die gemeinschaftlichste Biene und weist die höchsten Merkmale intelligenter Aktivität auf. Die Bienen, die kleinere Gruppen bilden, und die sozialen Wespen stehen auf einer niedrigeren Ebene, und die Einzelbienen und Wespen sinken auf die Ebene der gewöhnlichen Insekten. Zu ähnlichen Schlussfolgerungen kommen wir aus der Beobachtung der sozialen Termiten oder weißen Ameisen, von denen einige Arten durch ihre intelligente Zusammenarbeit und Aufgabenteilung bemerkenswert sind.

Ähnliche Beispiele lassen sich bei den Wirbeltieren finden. Unter den Vögeln gibt es keine, die schlagfertiger ist als die geselligen Krähen, und keine, die weniger Intelligenz zur Schau stellt als die einzelgängerischen, fleischfressenden Arten. Vögel sind eher gesellig als gesellig. Es gibt nur wenige Arten, deren Assoziation über die bloße Ansammlung im Flug hinausgeht. Diejenigen, die eher sozial sind, haben normalerweise besondere Gewohnheiten, die auf Intelligenz hinweisen – wie in den oft zitierten Fällen ihrer scheinbar versuchenden und hinrichtenden Straftäter. Unter den fleischfressenden Säugetieren zeigt der soziale Hunde- oder Wolfsstamm die intelligente Angewohnheit, sich gegenseitig zu helfen. Bei Pferden, Ochsen, Hirschen und anderen geselligen Huftieren gibt es zwar eine gewisse

Aufgabenteilung, aber ihre Intelligenz ist geringer als die der Hunde und Elefanten. Im Großen und Ganzen kann man behaupten, dass die soziale Gewohnheit häufig von Fällen besonderer Intelligenz begleitet wird, zu denen wir bei den Einzeltierformen kein Gegenstück finden, und dass die höchsten Manifestationen der Intelligenz bei den niederen Tieren bei den Formen zu finden sind, die über Gemeinschaftsformen verfügen Gewohnheiten wie Ameisen, Bienen, Termiten und Biber.

Ein wichtiges Merkmal der Gemeinschaftstiere ist, dass sie sich geistig spezialisieren. Sie bündeln ihre Kräfte, bauen Gewohnheitsbarrieren auf, die sie nicht überwinden können, führen dieselben Handlungen in so endloser Wiederholung aus, dass das, was als Intellekt begann, wieder zum Instinkt versinkt. Jeder Einzelne hat feste Pflichten und ist auf einen begrenzten Handlungskreis beschränkt, dessen Wirkungsbereich er nicht oder nur im geringsten überschreiten kann.

Die nichtgemeinschaftlichen sozialen Tiere hingegen werden nicht dadurch eingeschränkt. Ihre Intelligenz hat einen verallgemeinerten Charakter und ist in der Lage, sich in neuen Kanälen zu entwickeln. Keine ist an besondere Pflichten gebunden, jeder besitzt die volle Macht aller und ist daher offener für eine kontinuierliche Weiterentwicklung des Intellekts als die kommunalen Formen. Zu dieser Klasse gehört der Affe. Seine Intelligenz ist allgemein und nicht speziell; weitgehend entwicklungsfähig, nicht durch die Beschränkung bestimmter fester und besonderer Pflichten eingeengt und gebunden.

Die oben dargelegten Vorschläge weisen auf drei Grade der Gemeinschaft zwischen Tieren hin, die als gemeinschaftlich, sozial und einzelgängerisch bezeichnet werden können. Darunter gibt es natürlich viele Übergangsphasen von einem zum anderen. Die besonders gemeinschaftlichen Tiere, darunter Ameisen, Bienen, Termiten und Biber, sind solche, bei denen die Individualität fast vollständig verloren geht und bei denen jedes Mitglied für das Wohl der Gemeinschaft als Einheit und nicht für seinen persönlichen Vorteil arbeitet. Das Ergebnis besteht in organisierten Industrien, Aufteilung und Spezialisierung von Aufgaben, einem gemeinsamen Zuhause, Nahrungsmittelvorräten usw. Auf einer niedrigeren Ebene des Tierlebens, der der Hydroidpolypen, ist der Kommunismus so vollständig geworden, dass die Gemeinschaft zu einem tatsächlichen Individuum herangewachsen ist, wobei die Mitglieder nicht frei sind, sondern als Organe einer Gesamtmasse fungieren, in der jeder eine besondere Aufgabe zum Wohl der Gemeinschaft erfüllt.

Die sozialen Tiere unterscheiden sich von den gemeinschaftlichen Tieren dadurch, dass die Individualität der Mitglieder vollständig erhalten bleibt. Es gibt ein gewisses Maß an Arbeit für die Gruppe, ein gewisses Maß an gegenseitiger Hilfe, einige Anzeichen von Führung und Unterordnung, aber diese beschränken sich auf einige Erfordernisse des Lebens, während in den meisten Einzelheiten der Existenz jedes Mitglied der Gruppe für sich selbst handelt . Zu den Einzelgängern zählen Tiere, die keine Gruppen bilden, die über die Familie hinausgehen und in deren Leben das Prinzip der gegenseitigen Hilfe außerhalb der unmittelbaren Familienbeziehungen keine Rolle spielt. Jeder handelt für sich allein und der Verkehr zwischen den Individuen der Art ist stark eingeschränkt.

Die Vorteile sozialer Gewohnheiten bei Tieren liegen auf der Hand. Es gibt gute Gründe zu der Annahme, dass alle Tiere und insbesondere so fortgeschrittene Formen wie die Wirbeltiere und die höheren Arthropoden über eine gewisse Fähigkeit zur geistigen Entwicklung und über eine gewisse Fähigkeit verfügen, neue Handlungsmethoden zu entwickeln, um neuen Situationen zu begegnen. Obwohl ihr Denkvermögen gering sein mag, mangelt es nicht ganz daran, und bei Bedarf könnten viele Beispiele für die Ausübung der Denkfähigkeit angeführt werden.

Worum es hier geht, ist das Endergebnis solcher Übungen individueller Denkkräfte. Bei den solitären Formen sterben solche neuen Vorstellungen mit dem Individuum. Obwohl sie einen Einfluss auf die Entwicklung des Nervensystems haben und bei der erblichen Übertragung aktiverer Gehirnkräfte helfen können, gehen sie als besondere Ideen verloren und können von anderen Artgenossen nicht aufgegriffen und wiederholt werden. Bei den sozialen Tieren ist das nicht der Fall. Jedes davon verfügt über eine gewisse Beobachtungsfähigkeit und eine gewisse Neigung zur Nachahmung, und nützliche Fortschritte einzelner Personen werden wahrscheinlich beobachtet und als allgemeine Gewohnheiten der Gemeinschaft beibehalten. Alles Wichtige, was erreicht wird, kann durch erzieherische Einflüsse bewahrt werden. Die Fähigkeit zur geistigen Kommunikation zwischen diesen Geschöpfen ist möglicherweise viel größer als allgemein angenommen wird, und wichtige Handlungen, die nicht direkt beobachtet werden, könnten in vielen Fällen durch Wiederholung zum Nutzen der Gruppe übertragen werden. Wir wissen, dass dies der wichtigste Faktor für den menschlichen Fortschritt ist. Neue Ideen kommen beim Menschen selten vor. Ideen von dauerhaftem Wert kommen nicht einem Prozent, vielleicht nicht einem Hundertstel Prozent der zivilisierten Menschheit in den Sinn, dennoch gehen nur wenige solcher Ideen verloren, und das, was sich für den Einzelnen als vorteilhaft erwiesen hat, wird bald zum Allgemeingut Besitz einer Gemeinschaft.

Bei den niederen Tieren kommen neue und vorteilhafte Ideen wahrscheinlich äußerst selten vor. Wenn sie auftreten, ist ihr Vorteil gegenüber Einzelformen sehr gering, da sie in winzigen Schritten der Gehirnentwicklung und der erblichen Übertragung derselben bestehen. Für soziale Formen sind sie doppelt vorteilhaft, da sie zwar die Entwicklung des

Gehirns fördern, aber auch in ihrer ursprünglichen Form erhalten bleiben und direkt an die Mitglieder der Gruppe weitergegeben werden können. Sie sind für die Gemeinschaftstiere noch vorteilhafter, weil sie in engerem Kontakt zueinander stehen und sich ständig in gegenseitiger Hilfeleistung engagieren. Aber im letzteren Fall wird ihr Einfluss meist zugunsten der Gemeinschaft als Einheit ausgeübt, während er bei sozialen Tieren zum Vorteil des Einzelnen ist.

Das Ergebnis eines solchen Evolutionsprozesses ist bei den Gemeinschaftstieren eine strenge Spezialisierung. Langsam entwickelt sich eine Reihe von Vorteilen für die Gemeinschaft, die sich so häufig wiederholen, dass sie instinktiv werden, während gleichzeitig ein fester Pflichtenkreis entsteht, aus dessen Verbindungen es fast unmöglich ist, ihn zu durchbrechen. Es gibt keinen Grund zu der Annahme, dass die individuelle Initiative fehlt. Der vielfältige Pflichtenkreis einer Ameisengemeinschaft zum Beispiel konnte nur durch schrittweise Weiterentwicklung aus dem Zustand der Einzelameisen entstehen. Wenn solche Schritte unternommen wurden, können weitere durchgeführt werden und werden wahrscheinlich beibehalten, wenn sie sich als vorteilhaft erweisen. Das Ameisenindividuum behält seine Beobachtungs- und Denkfähigkeit und kann neue Prozesse initiieren. Aber die meisten Ameisengemeinschaften sind bereits so hervorragend an ihre Lebensbedingungen angepasst, dass sie kaum Gelegenheit für Verbesserungen lassen, so dass die Übernahme neuer und vorteilhafter Gewohnheiten mit Sicherheit äußerst selten sein wird .

Es ist eine interessante Tatsache, dass der Kommunalismus auf Tiere mit vergleichsweise geringer Organisation beschränkt war. Die vollständigsten Beispiele hierfür sind die Polypen und einige andere niedrige Formen, bei denen jede Gemeinschaft zu einem zusammengesetzten Individuum geworden ist und die Mitglieder mit dem Elternstamm verbunden bleiben. Die nächsthöheren Beispiele sind die häufig zitierten Ameisen und Bienen, die zur niedrig organisierten Klasse der Arthropoden gehören , die jedoch durch den Vorteil von Assoziation und gegenseitiger Hilfe Handlungen und Gewohnheiten entwickeln, die nur anderswo in der Menschheit zu finden sind. Das einzige Beispiel unter den Wirbeltieren sind die Biber, Angehörige der niedrigen Ordnung der Nagetiere. Bei diesen sind die Ergebnisse weniger vielfältig und kompliziert als bei den Ameisen, entsprechend der viel kleineren Größe der Gemeinschaft. Alle höheren Wirbeltiere leben entweder gesellig oder einzelgängerisch, und bei ihnen existiert die enge Spezialisierung der Gemeinschaftsformen nicht. Jedes Individuum arbeitet weitgehend für sich selbst, seine Geisteskräfte bleiben verallgemeinert und es ist nicht an die Ausführung einer Reihe festgelegter Erbhandlungen gebunden, aus denen ein Entrinnen nahezu unmöglich ist.

Von den sozialen Tieren stellt der Mensch den vollständigsten Typus dar und ist derjenige, aus dem wir die Bedingungen der Klasse am besten ableiten können. Eine menschliche Gemeinschaft besteht aus Individuen mit unterschiedlichen intellektuellen Fähigkeiten, wobei die Masse auf einem niedrigen Niveau bleibt und die wenigen ein hohes Niveau erreichen. Doch diejenigen mit hoher intellektueller Kraft setzen den Standard für das Ganze, lehren die niedrigeren durch Gebote oder Beispiele und tragen wirksam dazu bei, den Standard der Gemeinschaft voranzutreiben. Ein Seil oder eine Kette gilt als so schwach wie ihr schwächster Teil. Im Gegensatz dazu kann man sagen, dass eine menschliche Gemeinschaft nur so stark ist wie ihr stärkster Teil. Der Status des Ganzen hängt von den Gedanken und Taten einiger weniger ab, von denen die breite Masse neue Ideen erhält und neue Gewohnheiten annimmt. Die bestehende intellektuelle und industrielle Stellung der Menschheit ist größtenteils das Ergebnis von Ideen, die von Individuen über Jahrhunderte hinweg entwickelt und als geistiges Eigentum des Ganzen bewahrt wurden. Zerstört man die Bücher, Kunstwerke und die Industrie einer Gemeinschaft, schneidet man ihre intellektuellen Führer ab, entfernt man die Ergebnisse der Bildung aus dem allgemeinen Bewusstsein, und sie würde sofort auf ein niedriges Niveau zurückfallen und gezwungen sein, ihren langsamen Aufstieg erneut zu beginnen . Der intellektuelle Status einer zivilisierten Nation hängt von zwei Dingen ab: der Bewahrung der Ideen antiker Arbeiter und Denker in Büchern, im Gedächtnis sowie in Kunstwerken und Industrien; und die geistige Tätigkeit lebender Denker und Erfinder, deren Arbeit von diesem Standpunkt des gespeicherten Denkens ausgeht. Wenn jeder Gemeinschaft all ihre grundlegenden Ideen entzogen würden, würde sie schnell in einen primitiven Zustand des Denkens und der Organisation zurückfallen, aus dem es möglicherweise viele Jahrhunderte dauern würde, bis sie wieder herauskommt.

Oben wurde gesagt, dass der Mensch das höchste Beispiel für das soziale Tier ist. Das ist zwar die Wahrheit, aber nicht die ganze Wahrheit. Er ist zugleich das höchste Beispiel des Gemeinschaftstiers. Gegenseitige Hilfe, Organisation in streng gerundeten Gemeinschaften, Arbeit für das Wohl des Ganzen ist bei ihm ebenso erklärt wie bei der am weitesten entwickelten Gemeinschaft der Ameisen, und wir bewundern die Arbeit der letzteren einfach deshalb, weil sie die Arbeit auf einer niedrigeren Ebene wiederholen des Menschen. In Wahrheit haben wir im Menschen ein hervorragendes Beispiel für die Existenz der individuellen Initiative in Verbindung mit der gemeinschaftlichen Organisation. Spezialisierung gibt es in hundert Formen. Einige Nationen wurden dadurch an Bedingungen gebunden, die fast so fest waren wie die der Ameisen. Aber der Generalismus existiert in vollem Umfang, neue Ideen modifizieren oder ersetzen ständig die alten, und der Kommunismus des Menschen ist ein fortschrittlicher, der auf den Flügeln neuer Ideen stetig nach oben getragen wird. Das individuelle Denken hat den größten Schwung, und der Mensch verdankt einen großen Teil seines großen Fortschritts dem System der besonderen Belohnung für nützliches Denken und Handeln. Andererseits war Belohnung ohne nützlichen Dienst einer der Hauptakteure, die den menschlichen Fortschritt bremsten.

Die niederen Tiere besitzen nicht den Vorteil des Menschen in seiner Fähigkeit, die Gedanken und Produkte der Vergangenheit als Grundlage für neue Schritte des Fortschritts zu bewahren. Das Gedächtnis kann ihnen in gewissem Maße helfen, aber sie verfügen nicht über spezielle Mittel, um nützliche Ideen aufzuzeichnen. Das kann man nicht mit Fug und Recht von den Gemeinschaftsformen sagen, die das Ergebnis der Arbeit früherer Generationen als nützliche Anschauungsbeispiele darstellen. Aber bei den höheren Tieren gibt es keine Möglichkeit, Ideen dauerhaft zu bewahren, und jeder Schritt des Fortschritts muss auf den direkten Einfluss lebender Individuen und das indirekte Ergebnis natürlicher Selektion zurückzuführen sein.

Dies ist eine Ursache für den langsamen geistigen Fortschritt der niederen Tiere. Ein zweiter Grund ist der Mangel an pädagogischen Einflüssen, die so viel mit dem menschlichen Fortschritt zu tun haben. Bildung fehlt in der rohen Schöpfung nicht ganz. Es gibt viele Berichte darüber, wie Erwachsene den Jugendlichen Unterricht erteilten. Aber diese Agentur steckt noch in den Kinderschuhen und ihr Einfluss dürfte gering sein. Auch hier neigt jeder Stamm niederer Tiere dazu, in einen festen Kreis von Lebensabläufen zu geraten und sich so eng an eine Situation oder einen Zustand anzupassen, dass sich jede Änderung der Gewohnheiten wahrscheinlich als schädlich erweisen würde. Dies ist ein Zustand, der dazu neigt, Stagnation hervorzurufen und den Fortschritt energisch zu bremsen. Aus der Menschheitsgeschichte ließen sich dafür viele Beispiele anführen, während es bei den Tieren unter dem Menschen häufig vorkommt.

Um auf die Affen zurückzukommen: Die obigen Überlegungen führen zu dem Schluss, dass sie ihre geistige Schnelligkeit hauptsächlich, wenn nicht sogar ausschließlich, ihren sozialen Gewohnheiten verdanken. Während sie nur in unbedeutenden Zügen gemeinschaftlich sind, sind sie äußerst gesellig und haben daraus zweifellos große Vorteile gezogen. Die Lemuren, die ihren Lebensraum teilen und ihnen in ihrer Organisation ähneln, sind ausgesprochen unsozial und ebenso geistig abgestumpft wie die Menschenaffen geistig schnell sind. Möglicherweise waren die Denkfähigkeiten der Affen erst einmal in Schwung gekommen, und die Erfordernisse des Baumlebens haben ihre Beobachtungsgabe beschleunigt. aber wir sind gezwungen zu glauben, dass der Haupteinfluss, dem sie ihre Entwicklung verdanken, der sozialer Gewohnheiten ist, in denen sie unter den ausgesprochen sozialen Tieren auf einem hohen, wenn nicht sogar dem höchsten Niveau stehen.

Die Denkfähigkeiten des Affenintellekts sind allgemein und nicht speziell. Der Geist dieser Tiere bleibt frei und fähig zu neuen Gedanken in neuen Situationen. Es ist sich der Bedürfnisse und Gefahren des Baumlebens voll bewusst und kommt in seinem natürlichen Lebensraum nicht weiter voran, weil es nichts Wichtigeres zu lernen gibt. Aber obwohl es behoben ist, stagniert es nicht. Wenn der Affe aus seinen heimischen Wäldern genommen und unter die vielen neuen Bedingungen gebracht wird, die an Bord und in menschlichen Behausungen entstehen, erkennen wir schnell Anzeichen seiner geistigen Wachsamkeit. Seine Beobachtungs- und Nachahmungsfähigkeiten werden aktiv geübt und neue Gewohnheiten und Vorstellungen werden schnell erlernt. Könnte man die Affen dazu bringen, sich in Gefangenschaft frei zu vermehren, so dass eine domestizierte Rasse, vergleichbar mit der der Hunde, entstehen könnte, könnten ihre geistigen Kräfte vielleicht in einem außerordentlichen Ausmaß kultiviert werden, was zu Denkweisen führen würde, die denen des Menschen nahe kommen . Der Affe zeichnet sich besonders dadurch aus, dass er dazu neigt, selbst neue Handlungen auszuprobieren und nicht darauf zu warten, dass man ihm etwas beibringt, wie es bei anderen domestizierten Tieren der Fall ist. Kurz gesagt, es scheint aller Wahrscheinlichkeit nach das Tier zu sein, das geistig am besten dafür geeignet ist, als Grundlage für eine hohe intellektuelle Entwicklung zu dienen, ebenso wie es körperlich am besten geeignet ist, von der Haltung des Vierbeiners zur Haltung des Zweibeiners zu wechseln.

Die Menschenaffen zeigen im Allgemeinen eine Umkehr vom sozialen Zustand zum Einzelgängerzustand, wobei dieser Zustand beim Orang, einem der einsamsten Tiere, seinen Höhepunkt erreicht. Die kleineren Formen sind am geselligsten, vor allem die Gibbons. Es gibt sehr guten Grund zu der Annahme, dass der Menschenaffe sehr sozial war, wenn wir nach dem urteilen, was wir bei allen Menschenrassen und allen Stufen, vom Wilden bis zum Zivilisierten, finden. Dieses Tier war somit in der Lage, alle Vorteile der sozialen Gewohnheit auszunutzen und die daraus resultierende geistige Entwicklung zu erreichen. Es ist unmöglich zu sagen, wie lange es her ist, als es die Bäume verließ und sich auf dem Boden niederließ. Es könnte bereits im frühen Pliozän oder im späten Miozän oder sogar noch früher liegen. Wahrscheinlich war sein Gehirn noch nicht weiter entwickelt als bei den anderen Anthropoiden, vielleicht sogar weniger als bei den bestehenden Arten. Aber in seinem neuen Lebensraum war es einer Reihe neuartiger Bedingungen ausgesetzt, die einen gesundheitsfördernden und anregenden Einfluss auf seinen Geist ausgeübt haben müssen.

Wenn es in den Bäumen geblieben wäre, hätten wir heute wahrscheinlich nur noch einen Menschenaffen. Als sie ihren sicheren Unterschlupf verließen und sich auf den Boden begaben, wurde sie neuen Gefahren ausgesetzt und musste sich an neue Bedingungen anpassen. Sein neuer Wohnort wurde von herumstreifenden fleischfressenden Tieren heimgesucht, denen er durch Schnelligkeit oder Aufmerksamkeit ausweichen oder sie mit Kraft und dem Einsatz von Waffen bekämpfen musste. Der fleischfressende Geschmack, den es aller Wahrscheinlichkeit nach gewonnen hatte, machte es zu einem Geschöpf der Jagd, das schnelle Tiere verfolgte, sie durch Schnelligkeit oder List einfing oder sie mit Hilfe von Knüppeln und Geschossen zur Strecke brachte. Eine solche neue Reihe von Pflichten und Gefahren musste zwangsläufig einen starken Einfluss auf ein Gehirn ausüben, das bereits schnell im Denken und empfänglich für neue Eindrücke war, und wir können uns gut vorstellen, dass der Affenmensch damals in eine neue und schnelle Phase des geistigen Fortschritts eintrat Sein Gehirn entwickelte sich an Kräften und wuchs an Dimensionen, während es sich langsam an seine neue Situation anpasste und fähig wurde, mit neuen Anforderungen und kritischen Erfordernissen umzugehen.

Es gibt noch einen weiteren Einfluss, der vielleicht einen sehr bedeutenden Anteil an der intellektuellen Entwicklung der Tiere hatte, den jedoch offenbar kein Autor unter diesem Gesichtspunkt betrachtet hat. Die wahrscheinliche Wirkung dieses Einflusses muss zum Abschluss dieses Abschnitts unseres Themas berücksichtigt werden. Es handelt sich um die relative Wirksamkeit der Sinne bei der Entwicklung des Geistes und die Auswirkungen, die sich wahrscheinlich aus der Dominanz eines der Sinne ergeben.

Bei den niedrigsten Tieren war die Berührung der vorherrschende, wenn nicht der einzige Sinn, vielleicht war der Geschmack damit verbunden. Aber diese Sinne, die einen tatsächlichen Kontakt mit Objekten erfordern, können offensichtlich nur die engste Vorstellung von den Naturbedingungen vermitteln. Die anderen Sinne, Sehen, Hören und Riechen, geben Hinweise auf die Existenz und den Zustand von mehr oder weniger entfernten Objekten, und ihre Entwicklung hat den Wirkungsbereich bei Tieren erheblich erweitert und muss einen starken Einfluss auf die Entwicklung geistiger Zustände ausgeübt haben.

Es braucht kaum gesagt zu werden, dass der Sinn, der die umfassendsten und umfassendsten Informationen über existierende Dinge liefert, notwendigerweise derjenige ist, der am effektivsten auf den Geist einwirkt, und dass dieser Sinn der des Sehens ist. Hören und Riechen liefern uns Informationen über bestimmte örtliche Bedingungen von Objekten, aber das Sehen reicht bis an die Grenzen des Universums, während es bei nahen Objekten den Vorteil hat, praktisch augenblicklich zu wirken und viel umfassendere Informationen zu vermitteln. Das Sehen ist daher offensichtlich der wichtigste Sinn, soweit es um die Erweiterung der geistigen Kräfte geht, und jedes Tier, bei dem es vorherrscht, muss in dieser Hinsicht einen großen Vorteil gegenüber den Arten haben, die es weitgehend beherrscht einer der niederen Sinne.

Man kann hier sagen, dass das Sehvermögen im Tierleben erst langsam die Vorherrschaft erlangte. Obwohl das Auge als Sehorgan in der belebten Skala auf einer niedrigen Ebene angesiedelt ist, deutet es doch darauf hin, dass es lange Zeit eine untergeordnete Rolle spielte und seine volle Bedeutung erst beim Menschen erlangt hat. Lange Zeit war das Leben auf das Meer beschränkt, Scharen von Lebewesen lebten im Halbdunkel der Unterwasserwelt und in großer Zahl in zu großen Tiefen, als dass das Licht sie erreichen konnte. Für viele war dieser Anblick teilweise oder völlig nutzlos. Das Gleiche gilt für das Gehör, da der Unterwasserlebensraum nahezu oder völlig lautlos ist. Der einzige der höheren Sinne, der für diese ozeanischen Lebewesen wahrscheinlich von allgemeinem Nutzen ist, ist der Geruchssinn, und es kann sein, dass ihr Wissen über entfernte Objekte hauptsächlich durch die Empfindlichkeit gegenüber Gerüchen erlangt wurde.

Das Gleiche gilt auch für die wirbellosen Landtiere. Die Landmollusken und die große Ordnung der Insekten und anderen Landarthropoden halten sich nur in geringem Umfang im Freien auf. Sehr viele Arten halten sich im Halbdunkel von Bäumen oder Hainen auf, verstecken sich im Gras, lauern unter Rinde, Stöcken und Steinen oder verbringen den größten Teil ihres Lebens unter der Erde. Viele andere Arten sind nachtaktiv. Nur für einen kleinen Prozentsatz der Insekten kann das Sehen von großem Nutzen sein, während das Hören ebenfalls von geringer Bedeutung zu sein scheint. Der Geruchssinn ist wahrscheinlich der Hauptsinn, mit dem diese Tiere Informationen über entfernte Objekte erhalten.

Es gibt Hinweise darauf, dass der Geruchssinn einiger Insekten bemerkenswert ausgeprägt ist. Das gefangene Weibchen bestimmter nachtaktiver Arten lockt beispielsweise die Männchen aus vergleichsweise großer Entfernung an, und zwar unter Bedingungen, bei denen weder Sehen noch Hören ins Spiel gebracht werden konnten. Die Emission von Gerüchen und die ausgeprägte Sensibilität für sie sind in solchen Fällen vermutlich die einzigen wirksamen Faktoren. Was die intelligentesten Insekten betrifft, die Ameisen und Termiten, so leben die ersteren größtenteils unter der Erde, die letzteren nicht nur unter der Erde, sondern auch blind. Im einen Fall kann das Sehen nur eine untergeordnete Rolle spielen, im anderen Fall spielt es überhaupt keine Rolle. Tastsinn und Geruchssinn scheinen bei diesen Tieren die vorherrschenden Sinne zu sein, und der Grad der Intelligenz, den sie an den Tag legen, zeigt, wie hoch die Entwicklung dieser Sinne ist. Doch die daraus entstehende Intelligenz muss notwendigerweise lokal und in ihrer Anwendung begrenzt sein; Es kann nicht die Breite an Informationen und den Grad der geistigen Entwicklung liefern, die unter der Dominanz des Sehens möglich sind.

Bei den Wirbeltieren finden wir ein voll entwickeltes und weitreichend leistungsfähiges Sehorgan, und man könnte voreilig annehmen, dass bei diesen Tieren das Sehen der vorherrschende Sinn ist. Es gibt jedoch zahlreiche Fakten, die zu einer anderen Schlussfolgerung führen. Viele der Wirbeltiere sind nachtaktiv, viele leben in unbekannten Situationen, viele in der völligen Dunkelheit von Höhlen, unterirdischen Tunneln und Ausgrabungen oder in den Tiefen des Ozeans. Für alle muss dieser Anblick zweitrangig sein. Auch das Hören kann keinen höheren Wert haben, und der vorherrschende Sinn muss der Geruchssinn sein. Bei den Fledermäusen scheint ein bemerkenswert ausgeprägtes Tastvermögen vorhanden zu sein, wenn man die Leichtigkeit betrachtet, mit der sie im vollen Flug Hindernissen ausweichen können, nachdem ihnen die Augen entfernt wurden.

Man könnte jedoch annehmen, dass bei den höher gelegenen Landwirbeltieren das Sehen vorherrscht und dass die tagaktiven Säugetiere für ihre Naturerkenntnis hauptsächlich auf ihre Augen angewiesen sind. Es gibt jedoch Tatsachen, die diese Annahme in Frage stellen. Es gibt zwei Arten von Tatsachen: äußere und innere. Es ist bekannt, dass die Vierbeiner im Allgemeinen sehr empfindlich auf Gerüche reagieren und dass sie sich weitgehend auf den Geruchssinn verlassen. Jäger sind sich dessen vollkommen bewusst und müssen genauso vorsichtig sein, um nicht von ihrem Wild gerochen zu werden, wie um nicht gesehen zu werden. Wir haben zahlreiche Beweise für die bemerkenswerte Schärfe dieses Sinnes bei einem so hohen Tier wie dem Hund, der seine Beute allein durch den Geruch kilometerweit verfolgen kann und dazu in der Lage ist, die Gerüche nicht nur verschiedener Arten, sondern auch verschiedener Individuen zu unterscheiden der Spur einer Person inmitten der Spuren zahlreicher anderer zu folgen.

Der interne Beweis dieser Tatsache ist ebenso bedeutsam. Bei Wirbeltieren ist im Allgemeinen der Riechlappen des Gehirns weitgehend entwickelt und übertrifft in seiner Größe den Lappen des Sehnervs bei weitem. Es bildet den vorderen Teil des Großhirns und stellt in vielen Fällen einen großen Teil dieses Organs dar, von dem es nur durch eine leichte Oberflächenvertiefung abgegrenzt ist. Wenn wir ein faires Urteil fällen können, dann spielt der Geruchssinn nach anatomischen Beweisen eine sehr wichtige Rolle im Leben aller niederen Wirbeltiere. Wenn wir unsere Haustiere als Beispiel nehmen, ist der Riechlappen des Pferdes erheblich größer als der des Menschen, obwohl das Gehirn insgesamt sehr viel kleiner ist, so dass dieses Organ vergleichsweise einen viel größeren Teil ausmacht das gesamte Gehirn. Die anderen Haustiere liefern ähnliche Beweise für die große Aktivität des Geruchssinns.

Während bei allen höheren Vierbeinern kein Zweifel daran besteht, dass das Sehen ein aktiver Sinn ist, unterscheidet es diese Aktivität offensichtlich in viel größerem Maße vom Geruchssinn, als dies beim Menschen der Fall ist, bei dem der Geruchssinn eine untergeordnete Rolle spielt, während das Sehen eine große Rolle spielt die Sinnesorgane.

Diese Tatsache zeigt ihre Wirkung in der vergleichenden geistigen Entwicklung des Menschen und der niederen Tiere. Der Mensch, der so stark auf das Sehen angewiesen ist, erlangt die umfassendste Vorstellung von den Bedingungen der Natur, was zu einer großen Erweiterung des Intellekts führt. Die Vierbeiner, deren Naturvorstellungen in erheblichem Maße auf den Geruchssinn angewiesen sind, verfügen über einen viel engeren Informationsbereich und eine geringere geistige Entwicklung. Was die Affenfamilie betrifft, so nimmt sie eine Stellung zwischen dem Menschen und den Vierbeinern ein, und ihre intellektuelle Aktivität ist möglicherweise zu einem großen Teil auf ein erhöhtes Vertrauen in das Sehen und ein vermindertes Vertrauen in den Geruch zurückzuführen, um ihre Vorstellung von der Natur zu gewinnen.

Es könnte sich die Frage stellen: Warum , wenn das Sehen dem Geruch überlegen ist, hat es dann nicht längst die Oberhand gewonnen und den Geruch auf eine untergeordnete Stellung gedrängt? Man kann darauf antworten, dass die Überlegenheit des Sehens nicht vollständig ist. In einer Hinsicht ist dieser Sinn dem Geruchssinn unterlegen. Der wichtigste Faktor bei der Entwicklung der Sinnesorgane von Tieren war der Kampf ums Dasein, einschließlich der Flucht vor Feinden, und die Wahrnehmung von Nahrungsmitteln, Tieren oder Materialien. Bei diesen Prozessen spielt die Geruchsschärfe eine sehr wichtige Rolle. Darüber hinaus hat es den Vorteil, Informationen aus allen Richtungen zu sammeln, während die Sichtweite sehr begrenzt ist. Das Auge ist so anfällig für Verletzungen, dass seine Vermehrung über den Körper eher nachteilig wäre als sonst, während, so lokalisiert es auch ist, eine Bewegung des Kopfes für jede Sehweite notwendig ist und der ganze Körper rotieren muss, um das Ganze zu erreichen Horizont unter Beobachtung. Aus diesen Überlegungen geht hervor, dass das Sehen bei der rechtzeitigen Wahrnehmung vieler Formen von Gefahren dem Riechen weit unterlegen ist. Licht kommt nur in geraden Linien vor und eine Bewegung des Körpers ist notwendig, um Gefahren zu erkennen, die außerhalb dieser Linien liegen. Gerüche hingegen breiten sich in alle Richtungen aus und machen sich sowohl von hinten als auch von vorne bemerkbar.

Aller Wahrscheinlichkeit nach hat diese Tatsache viel mit der anhaltenden Abhängigkeit der Tiere vom Geruch zu tun. Bei Fischen und Reptilien wird das volle Sehvermögen so langsam erlangt, dass für die Sicherheit ein aktiverer Wachsinn erforderlich ist. Bei Säugetieren lässt sich der Kopf leichter drehen, allerdings geht durch die Rotation des gesamten Körpers wertvolle Zeit verloren. Diese Tiere sind daher sowohl auf das Sehen als auch auf den Geruchssinn angewiesen, in einigen Fällen gleichermaßen, in anderen stärker auf den einen oder anderen dieser Sinne. Wenn wir den halbaufrechten Affen erreichen, haben wir es mit einer Gestalt zu tun, die in der Lage ist, den Körper zu drehen und den gesamten umgebenden Objektkreis schneller und leichter zu beobachten als jeder Vierbeiner. Infolgedessen sind diese Tiere stärker auf das Sehen und weniger auf den Geruchssinn angewiesen als die Vierbeiner. Schließlich erreicht beim vollständig aufrechten Menschen die Fähigkeit, sich schnell zu drehen und den gesamten Kreis des Horizonts aufmerksam zu beobachten, und beim Menschen ist das Sehen weitgehend zum vorherrschenden Sinn geworden, und der Geruchssinn ist an eine untergeordnete Stelle gerückt.

Mit dieser Veränderung der Sinnesbeziehungen ging eine Veränderung im Grad der geistigen Entwicklung einher. Es ist sehr wahrscheinlich, dass die Abhängigkeit der Affen vom Sehen statt vom Riechen viel mit ihrer geistigen Aktivität, ihrer Beobachtungsgeschwindigkeit und ihrer aktiven Neugier zu tun hat. Beim Menschen hat es zweifellos eine große Rolle bei der raschen Entwicklung seiner intellektuellen Fähigkeiten und bei der außerordentlichen Breite seiner Auffassung von der Natur im Vergleich zu der der niederen Tiere gespielt. Während Hören und Riechen uns nur über die Bedingungen in der Umgebung informieren und ihren Hauptnutzen als Hilfsmittel zur Erhaltung der Existenz haben, macht uns das Sehen auf die Bedingungen der Natur an abgelegenen Orten aufmerksam, die weit über die Grenzen der Erde hinausreichen. Während dieser Sinn als eine der Schutzorgane eine Rolle spielt, ist er noch nützlicher als Mittel beim Erwerb von Wissen im Allgemeinen und hat viel mit der Entwicklung der intellektuellen Fähigkeiten zu tun. Wir können daher die zunehmende Dominanz des Sehsinns als eine führende Rolle bei der Entwicklung des Menschen als denkendes Wesen betrachten und ihm in erheblichem Maße den Informationshunger und die Fähigkeit zur Nachahmung zuschreiben, die so ausgeprägt sind Affen.

VII.
DER URSPRUNG DER SPRACHE

Eines der Merkmale des Menschen, von dem wir gesprochen haben, dass es zu den Merkmalen seiner hohen Entwicklung zählt, ist die Sprache. Es gibt nichts, was mehr mit dem geistigen Fortschritt der Menschheit zu tun hat als die Fähigkeit, Gedanken mitzuteilen, und in dieser Sprache ist die Sprache das Hauptmittel und in höchstem Maße das Instrument des Geistes. Die menschliche Sprache ist in diesen modernen Zeiten bemerkenswert ausdrucksstark geworden und weist auf alle Bedingungen, Beziehungen und Eigenschaften hin, nicht nur der Dinge, sondern auch der Gedanken und idealen Vorstellungen. Und der Nutzen der Sprache wurde durch die Entwicklung der Künste des Schreibens und Druckens enorm gesteigert. Ursprünglich konnte das Denken nur mündlich mitgeteilt und mithilfe des Gedächtnisses weitergegeben werden. Jetzt kann es aufgezeichnet und auf unbestimmte Zeit aufbewahrt werden, so dass kein nützlicher Gedanke eines fähigen Denkers verloren gehen muss, sondern jede wertvolle Idee über unzählige Zeitalter hinweg als erzieherischer Einfluss erhalten bleiben kann.

In diesem Werkzeug, das für den Menschen von so außerordentlichem Wert war, weisen die niederen Tiere einen auffallenden Mangel auf. Sie sind nicht ganz frei von Stimmsprache, obwohl es zweifelhaft ist, ob einer der von ihnen erzeugten Laute eine viel höhere sprachliche Bedeutung hat als die der Interjektion. Aber emotionale Klänge, zu denen diese gehören, sind für die Vermittlung von Intelligenz nicht ohne Wert. Sie umfassen Warnrufe, Appelle an Zuneigung, Bitten um Hilfe, Rufe nach Nahrungsmitteln, Drohungen und andere Anzeichen von Leidenschaft, Angst oder Gefühlen. Und die Bedeutung dieser Stimmlaute für Tiere ist oft höher als wir annehmen. Das heißt, sie beschränken sich möglicherweise nicht auf den vagen Charakter des Zwischenrufs, sondern können gelegentlich eine bestimmte Bedeutung vermitteln, die auf einen Gegenstand oder eine Handlung hinweist. Mit anderen Worten: Sie können von der Interjektion zum Substantiv oder Verb vorrücken und sich im Wert der Verbwurzel nähern, einem Laut, der einen vollständigen Satz umfasst. So kann ein Warnruf so moduliert werden, dass er dem Hörer signalisiert: „Vorsicht, ein Löwe kommt!" oder um eine andere spezifische Warnung zu übermitteln. Wir wissen, dass Akzent oder Ton eine große Rolle in der chinesischen Sprache spielen, die primitivste aller existierenden Formen, eine Variation im Ton, die die Bedeutung von Wörtern erheblich verändert. Dasselbe kann bei den Lauten der Tiere der Fall sein, und zwar in viel größerem Ausmaß, als wir annehmen.

Wir wissen, dass dies bei einigen Vögeln der Fall ist. Das gewöhnliche Geflügel unserer Geflügelhöfe hat eine Vielzahl unterschiedlicher Rufe, die jeweils von ihren Artgenossen verstanden werden, während besondere Modulationen einiger Rufe oder Schreie bei Vögeln keine Seltenheit sind. Die Säugetiere verfügen über keine ausgeprägten Stimmfähigkeiten, da ihr Tonumfang begrenzt ist, dennoch übermitteln sie einander eindeutige Informationen. Neuere Beobachter sind zu dem Schluss gekommen, dass die Affen bis zu einem gewissen Grad miteinander reden. Die Versuche, dies zu beweisen, waren nicht sehr zufriedenstellend, doch sie scheinen darauf hinzuweisen, dass die Waldschreie der Affen eine gewisse Bandbreite eindeutiger Bedeutung haben.

Wir wissen überhaupt nicht, welche Sprachfähigkeiten der Menschenaffe besaß. In seinem entwickelten Zustand als landlebender, wandernder und jagender Zweibeiner muss er ein größeres Spektrum an Äußerungen benötigt haben als während seines Aufenthaltes in den Bäumen. Es war neuen Gefahren ausgesetzt, neue Lebenserfordernisse wirkten auf es ein, und seine alten Rufe erhielten höchstwahrscheinlich neue Bedeutungen, oder es wurden neue Rufe entwickelt, um neuen Gefahren oder Bedingungen zu begegnen. Auf diese Weise könnten einige Wurzelwörter gewonnen worden sein, die über den Wert des Interjektions hinausragen und ein gewisses Maß an eindeutiger Bedeutung ausdrücken, wenn auch immer noch am unteren Ende der Skala der Sprache, die ersten Trittsteine vom vagen Schrei zum Bedeutsamen Wort.

Zwischen diesem Stadium und dem der menschlichen Sprache klafft eine gewaltige Kluft, ein großer Abgrund, den man auf den ersten Blick nicht überbrücken kann. Wie die Fakten liegen, wurde sie jedoch größtenteils vom Menschen selbst überbrückt. Neben den hochkomplizierten Sprachen, die es heute gibt, gibt es verschiedene primitive Sprachformen, die uns weit zurück zum Ursprung der menschlichen Sprache führen. Ein so fortgeschrittenes Volk wie die Chinesen sprechen eine Sprache, die praktisch aus Wurzelwörtern besteht, wobei die höheren Ausdrucksformen durch einfache Mittel in der Kombination dieser primitiven Wortformen erreicht werden. Das Gleiche lässt sich bis zu einem gewissen Grad auch von der altägyptischen Sprache sagen. Wir können uns einen frühen Zustand der Dinge vorstellen, in dem diese Methoden der Wortzusammensetzung noch nicht angewendet wurden und in dem jedes Wort als separater Ausdruck existierte, der durch die Assoziation mit keinem anderen Wort unverändert blieb. Unter den wilden Rassen der Erde gibt es oft sehr grobe Formen der Sprache, wobei die Methoden, Wörter zu Sätzen zu verbinden, von einfachstem Charakter sind, obwohl nur wenige die Chinesen an Einfachheit des Systems übertreffen.

Aber all dies stellt ein fortgeschrittenes Stadium der Sprachentwicklung dar, eine Entwicklung des Denkens und seiner Instrumente, die Tausende von Jahren in Anspruch genommen hat. Wir können daraus nicht richtig beurteilen, wie die Sprache des primitiven Menschen gewesen sein mag, denn in jedem Fall hat es einen langen Entwicklungsprozess gegeben; Zweifellos wurde dies in vielen Fällen durch erzieherische Einflüsse unterstützt, die von den fortgeschritteneren Rassen auf die Sprache der weniger fortgeschrittenen Rassen einwirkten.

Wenn wir versuchen, eine dieser Sprachen zu analysieren, sowohl die komplexeste als auch die am wenigsten fortgeschrittene, sind wir in den meisten Fällen in der Lage, das Wurzelwort als Grundelement der Sprache zu isolieren. Aus dieser einfachen Form scheinen alle weiter entwickelten Formen entstanden zu sein. Wenn man ihre Kombinationsgeräte wegnimmt, zerfallen die Wortwurzeln wie Sprachperlen, von denen jedes eine eigene Bedeutung hat und völlig eigenständig existieren kann. Besonders die Arier und die Chinesen bieten sich dieser Analysemethode an. Entfernen Sie die Suffixe und Affixe von arischen Wörtern, gehen Sie zu den Keimformen vor, aus denen diese Wörter erwachsen sind, isolieren Sie diese Sprachkeime, und wir finden uns in einer Sprache mit Wurzelformen wieder, von denen jede vage und in ihrer Bedeutung weit geworden ist da die modifizierenden Elemente, die seine Bedeutung einschränkten, entfernt wurden. Auf Chinesisch ist das Problem viel einfacher. Wir müssen lediglich die vorhandenen Wörter aus dem Satz herausnehmen und sie für sich allein lassen, und schon haben wir Wurzelwörter aus erster Hand. Wir können die gesamte Bandbreite der menschlichen Sprache durchgehen und mit mehr oder weniger Schwierigkeiten zu einem ähnlichen Ergebnis gelangen. Kurz gesagt, die Beweise scheinen schlüssig, dass die Sprache der Menschheit mit der Verwendung isolierter Wörter von vager und weitreichender Bedeutung begann und dass die gesamte spätere Entwicklung der Sprache in der Kombination dieser Wörter mit einer Modifikation und Einschränkung ihrer Bedeutung bestand. Die Sprachfamilien unterscheiden sich hauptsächlich in der entwickelten Kombinationsmethode.

Es muss tatsächlich gesagt werden, dass wir bei der Isolierung der Wurzelformen moderner Sprachen zu Bedingungen gelangen, die noch weit von denen der primitiven Sprache entfernt sind. Diese Wurzeln sind in gewissem Maße bedeutungsvoll. Mit der Zeit hat ihre Bedeutung zugenommen, und ihnen fehlt die Einfachheit, die sie wahrscheinlich einst besaßen. Insbesondere haben sie ideale Sinne erlangt und sind in gewissem Maße in die weite Sprache des Geistes eingedrungen, die nach und nach zur Sprache der äußeren Natur hinzugefügt wurde. Die Erkenntnis der Existenz von Geist und Gedanken erfolgte zweifellos etwas spät in der menschlichen Entwicklung. Der Mensch kannte lange Zeit nur seinen Körper und die Welt, die ihn umgab. Erst Schritt für Schritt entdeckte er seinen Geist. Und als es notwendig wurde, über Geisteszustände zu sprechen, wurde keine neue Sprache erfunden, sondern alte Wörter wurden erweitert, um die neuen Zustände abzudecken. Der Geist ist in seiner Funktionsweise dem Körper analog, Ideen sind Analogien von Dingen, und es war normalerweise nur notwendig, der physischen Bedeutung von Wörtern die entsprechende ideelle Bedeutung hinzuzufügen. Auf diese Weise wuchs langsam eine sekundäre Sprache heran, die der primären Sprache zugrunde lag und sie untermauerte, bis die Wörter, die erfunden wurden, um die Welt der Dinge auszudrücken, dazu verwendet wurden, eine ebenso große Gedankenwelt einzuschließen.

Wenn wir also zur Sprache des Urmenschen vordringen, müssen wir die Grundformen der Sprache von all dieser ideellen Bedeutung befreien und sie auf ihre physischen Bedeutungen beschränken. Im Umgang mit den Sprachen der am wenigsten fortgeschrittenen existierenden Stämme der Menschheit ist tatsächlich wenig davon erforderlich. Die Sprache des Geistes hat bei ihnen noch nicht mit dem Wachstum begonnen oder befindet sich in den ersten einfachen Stadien. Nur die Hälfte der Arbeit der Sprachentwicklung ist abgeschlossen. Tatsächlich gibt es keinen Stamm, der so unentwickelt ist, dass er die primitiven Formen der Sprache verwendet. Die wildesten Rassen der Menschheit haben einige Fortschritte in der Kunst der Wortkombination gemacht und einige Vorstellungen von Syntax und grammatikalischen Formen gewonnen. Dennoch waren die Fortschritte in manchen Fällen sehr gering, und in allen können wir die lebendigen Spuren der früheren Sprachmethode erkennen, aus der sie hervorgegangen sind.

Der Fähigkeit, abstrakt zu denken und Wörter mit abstrakter Bedeutung zu bilden, verdankt die menschliche Sprache einen Großteil ihrer hohen Entwicklung. Aber diese Fähigkeit ist größtenteils der zivilisierten Menschheit vorbehalten, während sie den Wilden weitgehend oder ganz fehlt. Dieser Mangel zeigt sich in ihrer Sprechweise. So kann ein Eingeborener der Gesellschaftsinseln zwar „Hundeschwanz", „Schafsschwanz" usw. sagen, hat aber kein eigenes Wort für Schwanz. Er kann den allgemeinen Begriff nicht von seinen unmittelbaren Beziehungen abstrahieren. Ebenso hat der unzivilisierte Malaie zwanzig verschiedene Wörter, um das Schlagen mit verschiedenen Gegenständen auszudrücken, wie mit dickem oder dünnem Holz, einem Knüppel, der Faust, der Handfläche usw., aber er hat kein Wort für „Schlagen" als isolierten Gedanken . Wir finden den gleichen Mangel in der Sprache der amerikanischen Indianer. Ein Cherokee zum Beispiel hat kein Wort für „Waschen", kann aber die verschiedenen Arten des Waschens durch nicht weniger als dreizehn verschiedene Wörter ausdrücken.

All dies weist auf ein primitives Stadium in der Entwicklung der Sprache hin, in dem jedes Wort seine unmittelbare und lokale Anwendung hatte, während in jedem Wort eine ganze Geschichte erzählt wurde. Die Fähigkeit, das Denken in seine einzelnen Elemente zu zerlegen, war noch nicht vorhanden. Mit fortschreitendem Denken gelangten die Menschen von der Idee eines „Hundes" zu der eines „Hundeschwanzes". Sie konnten sich den Teil nicht ohne das Ganze vorstellen. Dann kamen sie auf ein Wort für „Hundeschwanzwedeln". Aber die Vorstellung von „Wedeln" als abstrakter Bewegung überstieg ihr Denkvermögen. Sie konnten nicht an eine Aktion denken, sondern nur an einen Gegenstand in Aktion. Die Sprache der amerikanischen Indianer war eine unmittelbare Ableitung dieser Art der Wortbildung, wobei jeder Satz, so kompliziert er auch sein mochte, ein einziges Wort darstellte, dessen Bestandteile nicht einzeln verwendet werden konnten. Die hier angegebene Sprechweise ist eine Form der Wurzelentwicklung. Andere Formen sind die Zusammensetzung des Chinesischen und des Mongolischen und die Flexion des Arischen und des Semitischen, die alle direkt auf die Wurzelform als ihre Wachstumseinheit hinweisen.

Aus all dem lässt sich der Schluss ziehen, dass die Sprache des Urmenschen aus isolierten Wörtern bestand, Lauten, die ursprünglich vielleicht nur Schreie oder Rufe waren, die aber nach und nach eine bestimmte Bedeutung erlangten, da sie einige der verschiedenen Zustände des Äußeren bezeichneten Welt. Zu diesem Schluss sind die Philologen inzwischen ganz allgemein gelangt. Die Erkenntnis, dass Sprache aus unterschiedlich modifizierten und kombinierten Wurzelwörtern besteht, führt unwiderstehlich in eine Zeit zurück, in der diese Wurzeln noch nicht begonnen wurden, modifiziert und kombiniert zu werden. Die Wurzeln sind die harten, hartnäckigen Dinge der menschlichen Sprache. Grammatische Hilfsmittel sind das Netz, in dem diese Wurzeln gefangen und eingeengt wurden. Befreie sie aus dem Netz, und es zerfällt, während die Wurzeln intakt bleiben, die festen und hartnäckigen primitiven Keime der Sprache.

Doch indem wir die Wurzelsprache als Grundlage der grammatikalischen Sprache isolieren, tragen wir wesentlich dazu bei, die Lücke zwischen tierischer und menschlicher Sprache zu schließen. Es ist zweifellos immer noch von beträchtlicher Breite, doch die Unterscheidung ist nicht mehr eine Art, sondern lediglich eine graduelle. Der primitive Mensch verfügte über einen viel größeren Sprachumfang als alle niederen Tiere, und die verwendeten Stimmlaute hatten eine klarere und eindeutigere Bedeutung; aber ihre Natur war dieselbe. Sie begannen zweifellos mit Rufen und Schreien, wie sie von Tieren verwendet werden, und obwohl diese an Zahl zugenommen hatten und deutlichere Bedeutungen erhielten, war der Unterschied im Charakter nicht groß. Kurz gesagt, die von modernen

Philologen angewandte analytische Methode hat den vermeintlich großen Unterschied zwischen tierischer und menschlicher Sprache weit entfernt und die Sprache des Menschen auf ein Stadium zurückgeführt, in dem sie ihrem Charakter nach fast mit der Sprache der Tiere verwandt ist. Die Unterscheidung wurde auf einen Grad reduziert, kaum noch auf eine Art. Um es hervorzubringen, war allein ein direkter und einfacher Evolutionsprozess erforderlich, und durch diese Evolution hat der Mensch zweifellos von der Stufe seiner Vorfahren aufwärts Fortschritte gemacht.

Die Sprache der niederen Tiere ist eine Vokalsprache. Es fehlen die konsonanten Elemente, die für die Artikulation charakteristisch sind. Darin scheint der Mann ihnen zunächst zugestimmt zu haben. Der Säugling beginnt seine stimmlichen Äußerungen mit einfachen Schreien; erst im späteren Alter beginnt es sich zu artikulieren. Wenn wir anhand der Sprachentwicklung des Kindes urteilen dürfen, begann der Mensch mit der Verwendung von Lauten zu sprechen, die den Stimmorganen eigen sind, und schritt durch einen Prozess der Nachahmung fort, wobei er sich bemühte, die um ihn herum gehörten Laute zu reproduzieren: die Stimmen von Tieren, die Geräusche der Natur usw. Diese Tendenz zur Nachahmung ist nicht dem Menschen eigen. Es kommt bei vielen Vögeln vor und erreicht bei einigen eine ausgeprägte Entwicklung. Die Spottdrossel beispielsweise verfügt über eine außergewöhnliche Flexibilität der Stimmorgane und die Fähigkeit, die Stimmen anderer Vögel zu imitieren. Der Papagei und einige andere Vögel gehen in dieser Richtung noch weiter, da sie in der Lage sind, eine artikulierte Sprache zu verwenden und vom Menschen verwendete Wörter deutlich zu wiederholen.

Keines der Säugetiere verfügt über diese Fähigkeit. Es kommt bei Affen nicht vor und war wahrscheinlich auch nicht im Besitz des Vorfahren des Menschen. Es ist jedoch nicht schwer zu glauben, dass durch die Bemühungen des letzteren, eine größere Vielfalt an stimmlichen Äußerungen zu erreichen, seine Sprachorgane flexibler wurden und er mit der Zeit die Fähigkeit zur Artikulation erlangte.

Es gibt Rassen existierender Menschen, deren Sprachfähigkeiten sich offenbar noch im Übergangsstadium zwischen artikulierter und unartikulierter Sprache befinden. Dies scheint bei den Buschmännern und Hottentotten Südafrikas der Fall zu sein, deren stimmliche Äußerungen größtenteils aus einer Reihe eigenartiger Klicks bestehen, die sicherlich keine artikulierte Sprache sind, obwohl sie auf dem Weg dorthin sind. Auch die Pygmäen der zentralafrikanischen Wälder scheinen in der Sprachentwicklung eine Zwischenstellung einzunehmen. Diejenigen, die versucht haben, mit ihnen zu sprechen, bezeichnen ihre Äußerung als unartikuliert im Klang. Es scheint eine Art Verbindung zwischen artikulierter und unartikulierter Sprache zu sein. Kurz gesagt, der große Abgrund, von dem früher angenommen wurde, dass er zwischen den Sprachen des Menschen und den niederen Tieren liege, ist durch die Arbeit der Philologen weitgehend verschwunden, und wir können über jeden Teil der großen Kluft Trittsteine ausfindig machen. Die Sprache des Menschen ist offensichtlich nicht nur ein Produkt der Evolution, sondern auch eine Entwicklung aus den stimmlichen Äußerungen niederer Tiere; und der Menschenaffe scheint in seinem langsamen und langen Fortschritt vom Tier zum Menschen nach und nach das edle Instrument der artikulierten Sprache entwickelt zu haben, das so viel mit dem späteren menschlichen Fortschritt zu tun hatte.

VIII
Wie der Abgrund überbrückt wurde

In seiner Körperbildung unterschied sich der Affenmensch kaum vom Menschen. Die bestehenden Unterschiede waren wahrscheinlich geringfügiger Natur und nicht größer, als sie ohne weiteres innerhalb der Grenzen einer Art bestehen könnten. Wenn diese Behauptung in Frage gestellt wird, scheint es ausreichend, die Aufmerksamkeit auf die neueren Forschungen zur Anatomie der Menschenaffen zu lenken, die sich in ihren Arten, wenn nicht in ihren Gattungen, vom Menschen unterscheiden, ihm aber in allen Hauptmerkmalen ihrer Organisation sehr ähnlich sind . Selbst im Gehirn, dessen großer Entwicklung der Mensch seine Überlegenheit verdankt, besteht der einzige deutliche Unterschied in der Größe. Strukturell sind die Unterscheidungen unwichtig. Wenn also diese entfernten Verwandten dem Menschen in seiner physischen Gestalt so ähnlich sind, muss ihm sein unmittelbarer Verwandter in der Abstammungslinie in seiner Organisation noch näher gekommen sein. Nachdem dieser Vorfahre zu einem echten, auf der Oberfläche lebenden Zweibeiner geworden war, waren die Unterschiede in der Struktur wahrscheinlich so gering, dass die beiden Formen physisch praktisch identisch waren. Der Menschenaffe war, wie man annehmen kann, erheblich kleiner als der Mensch, vielleicht in Größe und Statur etwa gleich groß wie der Schimpanse, aber das stellt keinen spezifischen Unterschied dar. Möglicherweise gab es einige Unterschiede in der Skelett- und Muskelstruktur. Die Stimmorgane beispielsweise unterschieden sich wahrscheinlich, da die Entwicklung der Sprache beim Menschen mit gewissen Veränderungen im Kehlkopf einherging. Der Schädel war sicherlich viel affenähnlicher. Dennoch sind Variationen dieser Art, die auf Unterschiede in der Lebensweise zurückzuführen sind, von untergeordneter Bedeutung und können leicht innerhalb der Grenzen einer Art liegen. Während die großen Merkmale der Organisation intakt bleiben, können aufgrund neuer Lebenserfordernisse kleine Veränderungen stattfinden, ohne die zoologische Stellung eines Tieres zu beeinträchtigen. Der auffälligste Unterschied zwischen Menschenaffen und Menschen, nämlich die Entwicklung des Gehirns auf das Zwei- oder Dreifache seiner Größe und seines Gewichts, ist bei der Klassifizierung ebenfalls unwesentlich, während das Gehirn in seiner Struktur unverändert bleibt. Dass es unverändert geblieben ist, können wir sicher aus der großen Ähnlichkeit zwischen dem Gehirn des Menschen und denen der existierenden Menschenaffen schließen. Die Ursache der Größenzunahme ist so offensichtlich, dass sie nur erwähnt werden muss. Seit der Ära des Menschenaffen konzentrieren sich fast die gesamten Entwicklungskräfte auf die geistigen Kräfte dieses Tieres, mit dem Ergebnis, dass das Gehirn an

Größe und Funktionsfähigkeit zugenommen hat, während der Rest des Körpers ebenfalls zugenommen hat blieb praktisch unverändert.

Dass der Mensch als Tier aus dem niederen Lebensbereich herabgestiegen ist, denkt heute niemand, der mit den Fakten der Wissenschaft vertraut ist, daran zu leugnen. Dies hat für den Wissenschaftler und für viele Nichtwissenschaftler die Ebene einer selbstverständlichen Aussage erreicht. Dass aber der Mensch als denkendes Wesen von den niederen Tieren abstammt, ist eine andere Sache, über die sich die Meinungen keineswegs einig sind. Sogar unter Wissenschaftlern gibt es gewisse Meinungsverschiedenheiten, und ein so radikaler Evolutionist wie Alfred Russell Wallace findet hier eine gähnende Lücke in der Abstammungslinie und neigt dazu, den Intellekt des Menschen als eine direkte Gabe aus dem Reich der Geister zu betrachten . Seine Erklärung ist allerdings schwieriger als das Problem selbst. Es gibt keine Fakten, die dies stützen, und selbst wenn er nicht erkennen könnte, wie der Geist des Menschen durch natürliche Auslese entwickelt werden könnte, wäre es eine Art reductio ad *absurdum* , die Engel herbeizurufen, um die Kluft zu überbrücken.

Romanes hat das Thema von einem anderen und wissenschaftlicheren Standpunkt aus behandelt und scheint es geschafft zu haben, zu zeigen, dass sich der menschliche Intellekt auf seiner untersten Ebene in seiner Art nicht vom rohen Intellekt auf seiner höchsten Ebene unterscheidet. Kontroversen zu diesem Thema basieren zu sehr auf dem Unterschied zwischen dem Intellekt des Rohlings und dem des aufgeklärten Menschen, ohne Rücksicht auf die große geistige Kluft, die zwischen letzterem und den Gedankenkräften des niedrigsten Wilden besteht. Im vorangehenden Abschnitt wurde versucht zu zeigen, wie grob und unvollkommen die Sprache des Urmenschen gewesen sein muss. Seine Unvollkommenheit war ein gutes Maß für seine Denkfähigkeit. Sein Intellekt befand sich auf einem sehr niedrigen Niveau, scheinbar nicht weiter über dem der höchsten Affen als unter dem des aufgeklärten Menschen.

Tatsächlich lässt sich die gesamte lange Linie der geistigen Entwicklung, mit Ausnahme eines verhältnismäßig kleinen Zeitraums, nachvollziehen, so enorm der Abstand zwischen dem Geist des Tieres und dem des Menschen der modernen Zivilisation auch ist. Dies ist die Kluft zwischen dem Intellekt des Menschenaffen und dem des Urmenschen, das letzte wichtige Kapitel in der Geschichte der geistigen Evolution. Der aus seinen Hochburgen der Vergangenheit vertriebene Supernaturalismus hat zu diesem gebrochenen Glied Stellung bezogen und behauptet, dass hier die Abstammungslinie versagt und dass die Lücke nicht ohne einen direkten Zufluss von Intellekt aus der Welt der Geister oder Geister hätte geschlossen werden können ein unmittelbarer Schöpfungsakt der Gottheit.

Es ist unwahrscheinlich, dass diese Sichtweise des Falles als endgültig akzeptiert wird. Die Wissenschaft hat so viele Lücken im Reich der Natur geschlossen, dass sie sich wahrscheinlich nicht aus dieser Lücke zurückziehen wird, sondern ihre Untersuchungen fortsetzen wird, anstatt Schlussfolgerungen zu akzeptieren, die nicht einmal den Rang einer Hypothese haben, da sie nicht durch eine einzige bekannte Quelle gestützt werden Tatsache. Auf den ersten Blick scheinen die Fakten, die sich auf diese Frage beziehen, tatsächlich hartnäckig mit der Evolutionstheorie zu erklären. Die intellektuelle Kluft zwischen den höchsten Affen und dem niedrigsten Menschen ist beträchtlich und dürfte von keinem existierenden Affen jemals überwunden werden. Wie auch immer die Menschenaffen ihre geistigen Fähigkeiten verbessert haben, es scheint jedoch nicht, dass sie zunehmen. Sie befinden sich in einem Zustand geistiger Stagnation und könnten dies seit Millionen von Jahren so geblieben sein. Ähnliches lässt sich tatsächlich auch von den niedrigsten Wilden sagen. Sie sind auch geistig stagniert. Die Anzeichen deuten darauf hin, dass ihr intellektueller Fortschritt in der Vergangenheit über Tausende oder Zehntausende von Jahren nahezu gleich Null war. Dennoch steht es außer Frage, dass sich der fortgeschrittene Denker von heute aus einem Vorfahren entwickelt hat, der so niedrig auf der geistigen Skala wie dieser Wilde ist, wahrscheinlich viel niedriger; und dies macht es sehr wahrscheinlich, dass ein ähnlicher Evolutionsprozess den Zeitraum zwischen dem Affenintelligenz und dem des primitiven Menschen abdeckte.

Irgendwann, irgendwann in der fernen Vergangenheit, wurde die geistige Stagnation des Menschen durchbrochen und die Entwicklung des Geistes begann ihren langen Weg zur Erleuchtung. Dies war jedoch nicht an den Orten der Fall, in denen die niederen Wilden heute leben, nämlich in den äquatorialen Wäldern Afrikas und Südamerikas und in anderen Lebensräumen der Wilden; die Veränderung fand aller Wahrscheinlichkeit nach anderswo statt, unter neuen und strengen Anforderungen des Lebens. Ebenso haben wir durchaus berechtigt zu sagen, dass irgendwo, irgendwann, die geistige Stagnation des Affen durchbrochen wurde und die lange Entwicklung des Geistes vom Affen zum Menschen begann. Dies geschah nicht bei den existierenden Anthropoiden, und wie im analogen Fall des zivilisierten Menschen muss die beeinflussende Ursache in Existenzerfordernissen gesucht werden, die auf eine Form einwirken, die sich in Charakter und Lebensraum von diesen Affen unterscheidet.

Die vorhandenen Menschenaffen können in ihrem Zustand mit Recht mit den vorhandenen niedrigen Wilden verglichen werden. In beiden Fällen wurde eine zufriedenstellende Anpassung an ihre Situation erreicht. Diese Affen leben immer noch baumbewohnend und frugiv, wie es ihre entfernten Vorfahren waren. Sie befanden sich seit Jahrhunderten in einem Zustand der engen Anpassung an ihre Lebensbedingungen, und die Einflüsse der Entwicklung blieben weitgehend aus. Diese Entwicklung muss äußerst langsam verlaufen sein. Ebenso leben die niedrigsten Wilden in enger Beziehung zu den sie umgebenden Bedingungen. Alle Probleme der Nahrungsbeschaffung, der Besiedlung, des Klimas usw. sind längst gelöst, und in den tropischen Wäldern, in denen so viele von ihnen leben, sind sie mit der Situation völlig im Einklang. Geistig stehen sie daher praktisch still, und das schon seit Jahrtausenden. Die beiden Fälle sind parallel. Wir können mit Sicherheit sagen, dass die spätere Entwicklung des Menschen in anderen Situationen und unter anderen Bedingungen stattfand. Wir können mit Fug und Recht dasselbe in Bezug auf den Affen sagen. Als auslösende Ursachen für seine geistige Entwicklung zum Menschen müssen starke Einflüsse auf den Vorfahren des Menschen ausgeübt worden sein; und ähnlich starke Einflüsse müssen auf den primitiven Menschen ausgeübt worden sein, um seine geistige Entwicklung zum intellektuellen Menschen in Gang zu setzen. Und der allgemeine Charakter dieser Einflüsse in beiden Fällen kann leicht hervorgehoben werden. Innerhalb weniger tausend oder zehntausend Jahre hat im menschlichen Intellekt eine außergewöhnliche Entwicklung stattgefunden, die den Unterschied hervorgebracht hat, der zwischen dem kultivierten Menschen von heute und dem entwürdigten Wilden besteht, der ihm wahrscheinlich vorausging und dessen Gegenstück noch immer existiert . Dies ist zweifellos auf Einflüsse höchster Potenz zurückzuführen. Wenn wir zeigen können, dass Einflüsse von gleicher Stärke auf den Vorfahren des Menschen einwirkten, werden wir viel dazu beigetragen haben, aufzuzeigen, wie das Gehirn des Affen zum Gehirn des Menschen herangewachsen sein könnte.

In beiden Fällen war die Hauptursache aller Wahrscheinlichkeit nach der Konflikt. Sowohl der Affe als auch der Mensch, wie wir es meinen, haben sich durch irgendeine Form der Kriegsführung entwickelt. Im ersteren Fall handelte es sich um einen Krieg mit dem Tierreich; bei letzterem handelte es sich um den Kampf mit den Naturbedingungen und mit dem feindlichen Menschen. Jedes davon war in seiner Wirkung stark, und jedem verdanken wir den Abschluss einer großen Etappe in der Evolution des Menschen.

In den Tropen, der Heimat der heutigen Menschenaffen und wahrscheinlich auch des Tieres, das wir Menschenaffen genannt haben, gibt es kaum Krieg zwischen Mensch und Natur. Die Natur ist dem Menschen gegenüber nicht feindselig. Es gibt keinen Anlass für Kleidung und wenig zum Wohnen. Nahrung ist für die spärliche Bevölkerung reichlich vorhanden. Um das Leben aufrecht zu erhalten, ist wenig Anstrengung erforderlich. Es ist sehr wahrscheinlich, dass es zu geistiger Stagnation kommt. Doch dort wie auch anderswo hatten Konflikte viel mit dem geistigen Fortschritt zu tun, den es gibt. Die Beherrschung der Kriegsführung beruht auf überlegenen mentalen

Ressourcen, die sich nach und nach aus den Erfordernissen des Konflikts ergeben und sich in größerer Klugheit oder Gerissenheit, überlegenen Führungsfähigkeiten, besserer Organisation, umfassenderer gegenseitiger Hilfe und der Erfindung zerstörerischerer und effizienterer Waffen manifestieren Werkzeuge. Der Krieg wirkt stark auf die Gemüter der Menschen ein, der Frieden wirkt träge. Im ersteren Fall ist das wertvollste Gut des Menschen, sein Leben, in Gefahr, und zu dessen Erhaltung setzt er alle Kräfte ein. Jede ihm zur Verfügung stehende Ressource wird eingesetzt, um sich selbst vor Wunden oder dem Tod zu bewahren und seine Feinde zu vernichten. Wenn die Feinde körperlich gleich sind, wird der Sieg wahrscheinlich denjenigen zufallen, die geistig überlegen sind, schneller neue Mittel ersinnen können, wachsamer im Abwehren von Gefahren sind, geschickter im Umgang mit Waffen sind und fähiger sind, ihre Kräfte zum Handeln zu bündeln Einklang. Kurz gesagt, die gesamte Geschichte der Menschheit zeigt uns, dass die geistige Entwicklung durch die Einflüsse der Kriegsführung, die Reaktion auf das Bemühen um Selbsterhaltung auf den Geist, die Zerstörung derjenigen auf einem niedrigeren Niveau der intellektuellen Wachheit und die Erhaltung erheblich gefördert wurde der Fähigeren und Energischeren, die Wirkung von Konflikten bei der Aktivierung aller Ressourcen des Intellekts und die erbliche Übertragung der so entwickelten Geisteskräfte. Zweifellos ist die Entwicklung des Menschen von seinem niedrigsten zu seinem höchsten intellektuellen Zustand größtenteils dem Krieg zwischen Menschen und dem Konflikt mit den widrigen Naturbedingungen in den kälteren Regionen der Erde zu verdanken. Das heißt keineswegs, dass für dieses Ergebnis noch Krieg notwendig ist. Andere Einflüsse sind jetzt am Werk, von gleicher oder größerer Stärke, und während der Konflikt mit der Natur und den Bedingungen der Gesellschaft immer noch von Bedeutung ist, ist der Krieg zwischen Mensch und Mensch als geistiges Stimulans nicht mehr notwendig. Es war noch nicht allzu lange her, als es ein wesentliches Element der menschlichen Entwicklung war.

Wenn wir jedoch zu den niedrigsten existierenden Wilden hinabsteigen, werden wir feststellen, dass diese Möglichkeit nahezu nicht vorhanden ist. Wir können in ihnen keinen organisierten Krieg und keinen wachsamen Konflikt mit der Natur erkennen. Sie stehen noch ganz am Anfang dieser Evolutionsstufe , und sie hat sicherlich nur geringen Einfluss auf sie. Die Natur ist nicht widrig, das Leben erfordert wenig Nachdenken oder Anstrengung, sie akzeptieren die Welt, wie sie sie vorfinden, ohne Fragen oder Auflehnung, und ihre Gedanken und Gewohnheiten sind so unveränderlich wie die Gesetze der Meder und Perser. Aber die Tatsache, dass es unter den niedrigsten Stämmen der Menschheit derzeit keinen aktiven Krieg gibt, beweist nicht, dass ein solcher Staat nie existiert hat. In Wahrheit behaupten wir, dass der primitive Mensch das Ergebnis eines aktiven und lang anhaltenden Krieges ist und dass sein heutiger ruhiger und träger Zustand die Leichtigkeit ist, die auf den Sieg folgt. Er hat gesiegt und ruht nach seiner Mühe.

Denn wenn wir den Urmenschen mit den Menschenaffen vergleichen, stellen wir einen auffälligen und wichtigen Unterschied zwischen ihnen fest. Die Anthropoiden stehen auf Augenhöhe mit ihren tierischen Nachbarn. Der Mensch ist Herr und Meister des Tierreichs, das dominierende Wesen in der Welt des Lebens. Er hat in dieser Herrschaft keinen Rivalen, steht aber in seiner Beziehung zum Tierreich allein da. Er wird von den größten und stärksten Tieren des Feldes und des Waldes gefürchtet und gemieden. Er kämpft nicht defensiv, sondern offensiv, und was auch immer sein Verhältnis zu seinen Mitmenschen sein mag, er lässt niemanden in der Welt des Lebens unter ihm zu. Er ist das einzige Tier, das um die Herrschaft gekämpft hat. Der Gorilla soll den Löwen angreifen und ihn aus seinen Schlupfwinkeln vertreiben. Wenn es dies tut, dann nicht aus dem Wunsch heraus, die Herrschaft zu erlangen, sondern lediglich, um sich eines gefährlichen Nachbarn zu entledigen. Der Kampf um die Vorherrschaft war auf den Menschen beschränkt, und bei seinem Sieg muss kein geringer Grad an geistiger Entwicklung stattgefunden haben.

Die Vorherrschaft des Menschen konnte nicht ohne einen harten und langwierigen Kampf erlangt werden. Das Tierreich unterwarf sich nicht ohne Weiteres der Herrschaft des Menschen, und der Krieg muss lang und erbittert gewesen sein, so wie die Beziehungen jetzt scheinen. Rest hat den Sieg errungen. Die niederen Tiere unterwerfen sich nun dem Menschen oder ziehen sich aus Angst vor seiner Stärke und seinen Ressourcen vor ihm zurück, und die Belastung seiner Kräfte hat aufgehört. Was diese Phase der Evolution betrifft, haben die Einflüsse, die die geistige Entwicklung des Menschen fördern, an Kraft verloren. Der Krieg ist vorbei und der Mensch herrscht über das Reich des Lebens.

Von allen Tieren war der Affenmensch für einen solchen Kampf am besten geeignet. Die anderen Menschenaffen waren zwar durch die Form ihrer Hände begünstigt, ihnen fehlte jedoch die Freiheit der Arme, der der Mensch seinen Erfolg hauptsächlich verdankt. Kein anderes Tier ist jemals mit von der Pflicht zur Fortbewegung befreiten Armen und gleichzeitig mit der Fähigkeit zum Greifen aufgetaucht, und dies sind die Organisationsmerkmale, denen die Entwicklung des menschlichen Intellekts in seinen ersten Stadien vollständig zu verdanken war. Der Menschenaffe war nicht in der Lage, mit Hilfe seiner natürlichen Waffen erfolgreich gegen die größeren Tiere anzutreten. Seine geringe Größe, das Fehlen von Reißklauen und seine geringere Geschwindigkeit ließen ihn im Nachteil, und er versuchte, mit Hilfe seiner Stärke und der Greif- und Zerreißkräfte von Zähnen und Nägeln seinen Sieg über die zu erringen größere Tiere wären nie gewonnen worden. Selbst mit Hilfe der Gerissenheit und Wachsamkeit der Affen, ihrer Beobachtungsgabe, ihrer Verteidigungs- und Angriffskombination und ihrer allgemeinen geistigen Überlegenheit gegenüber den Bewohnern der Tierwelt muss ihre Vormachtstellung im Falle ihrer Verwandlung zum Fleischfresser gewesen sein Sie ist auf die kleineren Lebewesen beschränkt und konnte sich gegenüber den größeren Tieren ihres natürlichen Lebensraums nur mithilfe anderer Kräfte als ihrer natürlichen Kräfte durchsetzen.

Die Eroberung gelang durch den Einsatz künstlicher Waffen. Die Tendenz, Raketen als Angriffs- und Verteidigungswaffen zu verwenden, die bei verschiedenen Affenarten gezeigt wird, wurde aller Wahrscheinlichkeit nach stark vom Menschenaffen entwickelt, dem einzigen fleischfressenden Mitglied der gesamten umfangreichen Familie der Menschenaffen der Affen und der einzige, der seine Hände und Arme frei benutzen kann. Durch den Einsatz derartiger Waffen wurde die Angriffskraft dieses Tieres enorm gesteigert. Mit der zunehmenden Geschicklichkeit im Umgang mit ihnen und der Auswahl und Herstellung effizienterer Waffen erlangte der Affenmensch stetig Fortschritte bei der Kontrolle seines Einflusses, und die niedere Tierwelt wurde immer mehr untergeordnet. Zweifellos war der Kampf langwierig. Die bisher dominanten Tiere unterwarfen sich nicht ohne einen harten und lang andauernden Kampf. Es mögen Tausende von Jahren vergangen sein, bis die größeren Tiere unterworfen waren, denn es ist wahrscheinlich, dass die Erfindung überlegener Waffen durch ein Tier mit geringer geistiger Kraft ein sehr langsamer Prozess war. Jede Stufe der Erfindung brachte einen größeren Erfolg, aber diese Stufen waren sehr bewusst.

Wie dem auch sei, wir können sicher sein, dass die Überlegenheit des Vorfahrenmenschen in seinen geistigen Ressourcen lag und dass sein Sieg eher dem Einsatz seines Geistes als seines Körpers zu verdanken war. Infolgedessen wirkte sich der sich entwickelnde Einfluss des Konflikts weitaus stärker auf sein Gehirn, das Organ des Geistes, als auf seinen physischen Körper aus, und dieses Organ nahm allmählich an Größe zu, während der Körper als Ganzes praktisch unverändert blieb. Der Konflikt begann damit, dass der Affenmensch an Macht und Dominanz auf einem Niveau mit Tieren seiner eigenen Größe stand und Tieren mit größerer Größe und Stärke unterlegen war. Es endete damit, dass der Mensch über alle niederen Tiere dominierte. Ein solcher Fortschritt muss, wenn er bei einem Tier durch Veränderung der physischen Struktur erzielt wurde, radikale und außergewöhnliche Veränderungen in der Größe, Stärke und Nützlichkeit der natürlichen Angriffsorgane verursacht haben. Wäre es, wie im vorliegenden Fall, allein durch die Entwicklung des Organs des Geistes entstanden, hätte es zu einer großen Vergrößerung und Leistungssteigerung dieses Organs führen können; und die Dimensionen des Gehirns des primitiven Menschen scheinen im Vergleich zu denen des Gehirns der Menschenaffen für die Größe des Ergebnisses nicht allzu groß zu sein.

Der Konflikt endete, ein neues Tier, der Mensch, trat schließlich und vollständig aus der Familie der Affen hervor und ließ sich im erholsamen Bewusstsein des Sieges nieder, mit einem viel größeren Gehirn und weit überlegenen geistigen Kräften als zu Beginn des Kampfes . doch im physischen Erscheinungsbild hat er sich nicht wesentlich von der Form seiner Vorfahren verändert, nachdem er erstmals die aufrechte Haltung erreicht hatte. Die erlangten Kräfte ermöglichten es dem frühen Menschen, die erkämpfte Position problemlos zu behaupten, und es gab keine weitere besondere Belastung für seine Fähigkeiten, bis ein neuer Kampf begann, der zwischen Mensch und Natur, ergänzt durch einen noch wichtigeren Kampf, den zwischen Mensch und Mensch .

Um auf den Punkt zurückzukommen, von dem wir ausgegangen sind, kann man sagen, dass, je mehr der Affenmensch das Gehen in aufrechter Haltung beherrschte und seine Hände und Arme sich vollständig an den Gebrauch von Waffen gewöhnten, sein Stand im Tier wuchs Das Königreich hat sich wesentlich von dem zuvor gehaltenen verändert. Angst und Flucht endeten, der Rückzug hörte auf, der Angriff begann, die Verfolgung folgte der Flucht, und der große Kampf um die Vorherrschaft nahm seinen langen Lauf. Ein Element, das wesentlich zum Sieg beitrug, war das soziale Verhalten des betreffenden Tieres und die gegenseitige Hilfe, die die Mitglieder einer Gruppe einander leisteten. Auch erzieherische Einflüsse folgen natürlicherweise der Assoziation, jede Erfindung oder Verbesserung, die man sich ausgedacht hat, wird Eigentum des Ganzen, und nichts Wichtiges geht verloren, wenn man es einmal erlangt hat.

Die Stadien dieses Fortschritts waren zweifellos, ihrem äußeren Aspekt nach, Stadien der Verbesserung der Waffen. Wir scheinen zu sehen, wie der Urmensch in seiner frühen Karriere als fleischfressendes Tier die Steine und Stöcke ergriff, die ihm leicht zur Hand waren, und sie mit ein wenig Geschick auf seine Beute schleuderte, auf die gleiche Weise, wie wir den Pavian dabei beobachten können gleiche Sache. Ebenso beobachten wir, wie er Äste von den Bäumen abbricht und sie als Keulen benutzt. Einer der ersten Entwicklungsschritte aus diesem Rohstadium des Waffengebrauchs wäre die Auswahl von Steinen, die in Größe und Form zum Werfen geeignet sind, und die Auswahl von Keulen geeigneter Länge und Dicke, wobei letztere von ihren Zweigen befreit werden.

Lange Zeit wurden bei jedem neuen Konflikt neue, unmittelbar verfügbare Waffen beschlagnahmt und eingesetzt; Doch als die Vorstellung von der Überlegenheit einiger Waffen gegenüber anderen aufkam, musste eine zweite

Stufe der Evolution begonnen haben. Der ausgewählte Schläger, der vom Baum abgebrochen und mit einiger Sorgfalt für den Gebrauch vorbereitet wurde und somit ein gewisses Maß an Auswahl und Arbeit verkörpert, wäre zu wertvoll, um ihn nutzlos wegzuwerfen, und könnte für die zukünftige Verwendung aufbewahrt werden, der erste persönliche Besitz eines unreifen Menschen . In ähnlicher Weise würden wahrscheinlich Steine, die sorgfältig aufgrund ihrer Eignung zum Werfen ausgewählt wurden, aufbewahrt und ein kleiner Vorrat davon gesammelt. Kurz gesagt, wir können uns vorstellen, dass der Menschenaffe so ein Magazin voller Waffen – Keulen und Steine – sammelt, die er in Stunden seiner Freizeit für den Einsatz in Stunden des Konflikts ausgesucht oder geformt hat. Auf diese Weise wurde unser tierischer Vorfahre zweifellos langsam zu einem geschickten Jäger, der seine Waffen bei der Jagd bei sich trug und sie effizient bei der Eroberung der Beute einsetzte.

Ein drittes Stadium dieses Fortschritts wurde erreicht, als einem klugen alten Menschenaffen die Idee kam, die beiden verwendeten Waffenformen zu kombinieren und den Stein auf irgendeine Weise an der Keule zu befestigen, um einen wirksameren Schlag zu erzielen geschlagen. Das Pflanzenreich liefert natürliche Schnüre, flache Steine mit mehr oder weniger scharfen Kanten könnten ausgewählt und an das Ende der Keule gebunden werden, und die früheste Form der Streitaxt würde hergestellt. Mit seiner Entstehung machte der Menschenaffe einen weiteren wichtigen Schritt vorwärts und steigerte seine Angriffskraft erheblich. Schritt für Schritt brachte er seine tierischen Konkurrenten unter seine Kontrolle.

Die Bildung einer Axt oder eines Beils, so grob sie auch gewesen sein mag, würde natürlich zu einem weiteren Schritt nach vorne führen. Damit war der Urmensch über den Besitz einer Waffe hinaus in den Besitz eines Werkzeugs übergegangen. Die Formung seiner Keulen erfolgte zuvor durch grobes Abreißen oder Hämmern der Zweige. Diese könnten nun abgeschnitten werden und außerdem könnte der Verein in eine bessere Form gebracht werden. Die Herstellung hatte begonnen. Unser Vorfahre stand am einen Ende einer langen Reihe, an deren anderem Ende wir die Dampfmaschine, den Elektromotor und eine endlose Vielfalt anderer Instrumente sehen.

Die ursprüngliche Herstellung beschränkte sich nicht auf die Formung von Holz. Die Steinbearbeitung folgte zu gegebener Zeit. Wenn ein Ast für seinen Zweck geeigneter gemacht werden könnte, indem man ihn mit einer groben Steinaxt oder einem Beil in Form schneidet, könnte man durch Hämmern einen Stein mit besserer Form erhalten. Zweifellos war die absplitternde Wirkung des Schlagens von Stein auf Stein schon oft beobachtet worden, bevor die Idee aufkam, dies nützlich zu machen und die Form der vorhandenen Steine auf diese Weise zu verbessern, wenn Steine in der gewünschten Form nicht zu finden waren .

Wenn wir nach einem Wendepunkt suchen, nach einem Stadium des Fortschritts, in dem der Affenmensch sich einigermaßen zum Menschen entwickelt hat, wäre es vielleicht gut, das auszuwählen, was wir jetzt erreicht haben, das, in dem das betreffende Tier bisher war nutzte die Objekte der Natur in ihrer natürlichen Form, kam zunächst auf die Idee der Manufaktur und begann, diese Objekte mithilfe von Werkzeugen zu formen. In Wahrheit war die Trennlinie zwischen Affenmensch und Mensch unmerklich schmal. Es könnten verschiedene Abgrenzungspunkte gewählt werden, die jeweils auf einem wichtigen Schritt in der Evolution basieren. Aber unter allen ist der Versuch, die Gegenstände der Natur mithilfe von Werkzeugen in bessere Waffen umzuwandeln, vielleicht der beste, da es sich wahrscheinlich um den ersten Schritt in diesem langen Herstellungsprozess handelte, dem der Mensch seinen wunderbaren Fortschritt verdankt.

Mit diesem frühen Herstellungsversuch hatte der Mensch ein Stadium erreicht, in dem er erstmals in der Lage war, eine dauerhafte Aufzeichnung seiner Existenz auf der Erde zu erstellen – abgesehen von der sehr seltenen Konservierung seiner Knochen als fossile Überreste. Ein abgebrochener Stein ist ein bleibender Gegenstand. Sogar ein sehr grob geformtes Exemplar weist auf seiner Oberfläche einige Hinweise auf seine Herkunft auf, einige Spuren weisen auf den Menschen in seinen frühen Tagen hin. Unglücklicherweise für Anthropologen erzeugen natürliche Kräfte manchmal Wirkungen, die denen von Menschenhänden ähneln, und ein gewisses Maß an Geschick bei der Herstellung und ein gut ausgeprägtes Design sind erforderlich, bevor man sicher sein kann, dass eine scheinbar steinerne Waffe nicht von der Natur und nicht von Menschenhand geformt wurde. In jüngster Zeit wurde fleißig nach Beweisen für den frühen Menschen in Form von Steinsplittern geforscht, mit einer Fülle unbestrittener und einer Reihe zweifelhafter Ergebnisse. Einige davon reichen sehr weit in die Vergangenheit zurück, und wenn es sich tatsächlich um die Arbeit des Menschen handelt, muss er als Produktionstier Millionen Jahre auf der Erde gelebt haben. Es wurden scheinbar abgesplitterte Steine gefunden, die aus der fernen geologischen Zeit des Miozäns stammen. Bei Letzterem sind einige Kratzer auf den Knochen zu sehen, die ebenfalls von Werkzeugen stammen könnten. Aber diese miozänen Relikte sind fraglich. Sie scheinen die Gestaltungskraft der Natur selbst nicht zu übertreffen. Sofern keine weiteren unbestreitbaren Relikte gefunden werden, müssen wir die Entstehung des Menschen als Werkzeug benutzendes Tier auf einen viel späteren Zeitpunkt zurückführen. Wie lange er als menschenähnlicher Zweibeiner schon existierte, ist eine andere Frage, die wir wahrscheinlich nicht so schnell klären werden.

Es ist kaum notwendig, diesen Zweig unseres Themas weiter zu verfolgen. Wir sind am Ende einer Entwicklungslinie angelangt, deren weiterer Verlauf wohlbekannt ist. Von den frühesten grob gesplitterten Steinen und Feuersteinen, die sicherlich das Werk des Menschen sind, können wir seinen Fortschritt leicht nach oben verfolgen, über bessere Beispiele der gesplitterten und später durch die der polierten Steingeräte, bis zum Beginn des Zeitalters des Metalls. Und mit diesen Steinen wurden viele weitere Hinweise auf die fortschreitenden Fähigkeiten des Menschen gefunden, in der Formung von Knochen, der Erfindung und Verwendung einer beträchtlichen Vielfalt von Geräten und Ornamenten sowie den frühesten künstlerischen Bemühungen, wie in einem vorangehenden Abschnitt dargelegt. Es besteht kein Anlass, näher auf diese Fortschritte einzugehen. Wenn sie erreicht sind, endet dieser Abschnitt unserer Arbeit. Es geht hier lediglich um den Vorfahren des Menschen und den Menschen in seiner frühesten Existenzphase, nicht um den Menschen in seinem späteren Entwicklungsverlauf.

IX

DIE ERSTE STUFE DER MENSCHLICHEN EVOLUTION

Oft wurde die Frage gestellt: Wenn der Mensch von einem Affen-Vorfahren abstammt, warum wurden dann keine Spuren dieser Vorfahrenform in einem fossilen Zustand gefunden? Wenn der Mensch eine so lange Entwicklung durchlaufen hat, warum hat er dann keine Überreste hinterlassen? Diese Frage, die von vielen, die sie stellen, als unbeantwortbar angesehen wird, ist eigentlich von untergeordneter Bedeutung. Darauf ließen sich leicht ein halbes Dutzend Antworten finden, jede von beträchtlicher Bedeutung. Erstens kann man sagen, dass das Fehlen der erwähnten Überreste keineswegs ein Einzelfall ist, sondern ein Fall unter Tausenden. Es wird allgemein anerkannt, dass die in Fossilien gefundenen Tierarten bei weitem nicht alle Arten repräsentieren, die es auf der Erde gegeben hat, und wahrscheinlich nur einen winzigen Prozentsatz davon ausmachen. Zweitens wurden die Überreste des Vorfahren des Menschen nicht an seinem Heimatort, den tropischen Regionen, gesucht. Drittens gehört der Mensch zu der Klasse der Tiere, die am wenigsten wahrscheinlich im fossilen Zustand erhalten bleiben, da sie in den Tiefen der Wälder und in einiger Entfernung von den Seen und Bächen leben, in deren schlammigem Grund sich die Überreste so vieler Tiere befinden versteinert worden. Eine andere Antwort ist, dass von den verschiedenen Arten von Menschenaffen, die in der Vergangenheit wahrscheinlich existierten, nur wenige Relikte einer einzigen Art gefunden wurden. Wenn es nur diese eine Art gäbe, müsste ihre Individuenzahl in die Millionen gegangen sein, doch von diesen Wirten sind nur wenige flüchtige Knochen bekannt. Es könnte kein deutlicheres Beispiel für die Unvollkommenheit der geologischen Aufzeichnungen geben. Die spärlichen Überreste von Dryopithecus, der fraglichen Art, sowie einige wenige andere Fossilien von zweifelhaft anthropoiden Arten bewahren uns vor völliger Leere und eröffnen den Blick auf eine Vielzahl aktiver Baumgeschöpfe, die in der Antike ihren Wohnsitz hatten Die europäischen Wälder sind jedoch fast vollständig aus dem Wissen der Menschheit verschwunden.

Dies sind nicht die einzigen Antworten, die auf die gestellte Frage gegeben werden können. Obwohl die Knochen des Menschenaffen nicht gefunden wurden, existieren Relikte verschiedener Stadien der menschlichen Entwicklung. Am bedeutendsten unter ihnen war bis vor Kurzem der berühmte Neandertaler-Schädel, dessen Gesichtsausdruck stark vom gewöhnlichen Menschen abweicht und dem Affentyp nahekommt. Noch bedeutsamer ist der Schädel des Pithecanthropus, der auf ein Tier hinweist, das auf halbem Weg zwischen Mensch und Affe stand, ein Geschöpf mit völlig aufrechter Haltung, wie sein Oberschenkelknochen beweist, dessen

Gehirn jedoch erst die halbe Entwicklungsstufe erreicht hatte. In diesem bemerkenswerten Fund scheinen wir den Menschen in der Entstehung zu sehen, der Körper ist bereits völlig menschenähnlich, das Gehirn weit über das Stadium des Affenintelligenz hinaus fortgeschritten, aber immer noch weit unter dem des Menschen. Es ist der Überrest einer Kreatur, die deutlich auf der Trennlinie zwischen Menschenaffe und Mensch liegt.

Soviel zur bisherigen Antwort auf die Frage. Aus heutiger Sicht sind wir nicht verpflichtet, an dieser Stelle stehen zu bleiben. Im letzten Abschnitt des 19. Jahrhunderts wurden Entdeckungen gemacht, die hervorragend zu unserer Argumentation passen. Vielleicht sollten wir sie „Wiederentdeckungen" nennen, denn in der Antike waren sie nur unvollständig bekannt, doch erst seit Kurzem sind sie einigermaßen in den Blickbereich der Menschen gelangt. Wir beziehen uns auf die Pygmäenstämme der afrikanischen Wälder, die bisher nicht unbedingt als Hilfsmittel zur Aufklärung dieses Problems angeführt wurden, die sich jedoch offenbar eng daran anpassen und sicherlich wesentlich dazu beitragen, die Lücke zwischen dem zivilisierten Menschen und seinen affenähnlichen Menschen zu schließen Vorfahr.

Wir haben bereits gesagt, dass es in der Evolution des Menschen offenbar zwei getrennte und unterschiedliche Phasen gegeben hat: erstens den Konflikt mit der Tierwelt, der in der Beherrschung der rohen Schöpfung endete; das zweite war sein Konflikt mit der Natur, der in seiner Beherrschung der Ressourcen der Erde endete. Überlappend und auf den zweiten folgte ein dritter Konflikt, nämlich der Konflikt von Mensch zu Mensch, der mit dem Überleben des Stärksten der Menschheit endete. Bei der bisherigen Diskussion dieses Problems wurden diese unterschiedlichen Entwicklungsstadien mit ihren dazwischen liegenden Ruhestadien nicht berücksichtigt; Das Argument stützt sich auf den Menschen als Ganzes und es wird nicht an die Möglichkeit gedacht, dass der existierende Mensch mehrere getrennte Entwicklungsprozesse mit großen Lücken dazwischen darstellen könnte. Das Argument, das wir vorbringen wollen, ist, dass der Mensch, wie er am Ende seiner ersten Stufe, der Unterwerfung der Tierwelt, und vor Beginn des Konflikts mit der Natur war, immer noch existiert, die erste Abstammung vom Menschenaffen , lebt an diesem Ort und besitzt weitgehend das Aussehen und viele Gewohnheiten dieser Vorfahrenform.

Späte Reisende in Afrika haben in den Tiefen des Waldes mehr als nur Bäume und Bäche gefunden. Sie haben dort eine besondere und eigentümliche Menschenrasse gefunden, die in vielen Einzelheiten negernähnlich ist, sich aber in anderen von den Negern unterscheidet und sich besonders durch ihre zwergenhafte Statur auszeichnet, auf die der ihnen gewöhnlich gegebene Name Pygmäen hinweist. Diese winzigen Wesen waren bereits zu Zeiten Homers bekannt, und er erzählt in seinen Gedichten von ihren legendären Kämpfen mit den Kranichen. Ihm war nicht bewusst, was heute bekannt ist, dass diese Waldzwerge die Kraniche als Gegenspieler verachten und durchaus in der Lage sind, den herrschaftlichen Elefanten zu besiegen. In Wahrheit kennen sie im Wald ihresgleichen, und obwohl sie keinerlei Kenntnisse in der Landwirtschaft haben, sind sie , wenn man den primitiven Charakter ihrer Waffen bedenkt, die geschicktesten Jäger der Erde .

Der Wald ist die Heimat des Pygmäen und höchstwahrscheinlich auch des Menschenaffen. Er wohnt in seinen tiefsten Tiefen, seinen feuchten und schwülen Tiefen und in den Kiefern, wenn er aus seinem Heimatreich im Herzen der Tropenwälder entfernt wird. In Wahrheit ist er fast genauso vollständig baumbewohnend wie sein baumbewohnender Vorfahre und seine Waldverwandten, die heutigen Menschenaffen; Tatsächlich bewohnen sie nicht die Äste der Bäume, sondern leben in ihrem Schatten und bilden den wahren Mann des Waldes, die nomadischen Jäger der riesigen Wälder am Äquator. Es muss jedoch gesagt werden, dass dies nicht vollständig der Fall ist. In Südafrika gibt es scheinbar zu dieser Rasse gehörende Stämme, die in der offenen Wüste leben, dort aber weitgehend die Gewohnheiten ihrer Waldverwandten beibehalten.

Der erste moderne Reisende, der die Pygmäen sah , war Du Chaillu auf seiner Reise durch die afrikanischen Wälder im Jahr 1867. Er beschreibt sie als durchschnittlich 1,20 Meter groß, ihre Hautfarbe war blassgelbbraun , das Haar auf ihrem Kopf kurz. aber ihre Körper waren mit einem dichten Haarwuchs bedeckt, als ob der Verlust ihrer angestammten Hülle noch nicht abgeschlossen wäre. Der Stamm, den er sah, war als Obongo bekannt und lebte im Ashango- Land und besetzte die Waldregion zwischen Gabun und Kongo.

Dr. Schweinfurth , dessen Erforschung sich von 1868 bis 1870 erstreckte, war der nächste, der diese Nomaden der Wälder traf, von denen er in seinem „Herz Afrikas" eine interessante Beschreibung gegeben hat. Er traf sich mit ihnen im Land des Manbuttoo , am Fluss Welle , zwischen drei und vier Grad nördlicher Breite. Der Stamm, den er sah und der als Akka bekannt ist, bestand aus sehr kleinen Individuen, von denen keines größer als 1,20 m war und einige nur 1,20 m groß waren. Ihre Körper waren im richtigen Verhältnis zu ihrer Körpergröße, so dass sie von der Größe her an halbwüchsige Jungen erinnerten.

Die von ihm beschriebenen Akkas haben große Köpfe, riesige Ohren und sehr prognathische Gesichter. Ihre Arme sind lang und schlank, die Brust ist flach und schmal und wird unten breiter, um einen riesigen hängenden Bauch zu stützen, die Beine sind kurz und krumm, und ihr Gang ist eine watschelnde Bewegung, bei jedem Schritt gibt es eine Art Ruckler. In letzterer Hinsicht erinnern sie an den Gibbon bei seinem Versuch zu gehen.

Der klaffende Aspekt des Mundes hat eine suggestive Ähnlichkeit mit dem des Affen. Sie sind auch affenähnlich in ihrem unaufhörlichen Mienenspiel, dem Zucken der Augenbrauen, den schnellen Gesten der Hände und Füße, dem Nicken und Wackeln des Kopfes und ihrer bemerkenswerten Beweglichkeit. Ihre Haut hat eine mattbraune Farbe, „wie teilweise gerösteter Kaffee", und weist keine Haarbedeckung auf, die Du Chaillu auf den Obongos gesehen hat . Das Kopf- und Barthaar ist spärlich und von wolliger Beschaffenheit.

Stanley, der diese Waldzwerge auf seiner Expedition zur Rettung von Emin Pacha häufig traf, gibt in seinem Werk „In Darkest Africa" viele Informationen über sie. Er fand tatsächlich zwei Arten von Zwergen, die Wambutti , die von attraktivem Aussehen waren, mit großen, runden Augen, vollen und markanten runden Gesichtern mit breiter Stirn, leicht hervorstehenden Kiefern, kleinen Händen und Füßen, wohlgeformten, wenn auch winzigen Figuren , und ein ziegelroter Teint. Den anderen Typ, den Akka , beschreibt er als „kleine, schlaue Affenaugen, eng und tiefliegend". Eine von ihm beschriebene Frau hatte „vorstehende Lippen, die über ihr Kinn hinausragten, einen hervorstehenden Bauch, eine schmale, flache Brust , abfallende Schultern, lange Arme, stark nach innen gedrehte Füße und sehr kurze Unterschenkel." Sie habe es „auf jeden Fall verdient, als eine extrem niedrige, erniedrigte, fast bestialische Art von Mensch eingestuft zu werden." Die Sprache der Akka ist von einem sehr unterentwickelten Typ und scheint eine Verbindung zwischen artikulierter und unartikulierter Sprache zu sein.

Stanley hörte auf seiner Reise durch den Kongo viele Geschichten über die Waldzwerge, die ihm als metergroße Zwerge mit langen Bärten und großen Köpfen beschrieben wurden. Andere traditionelle Berichte über sie sprechen ebenfalls von ihren langen Bärten, obwohl Stanley keines sah, das dieser Beschreibung entsprach. Das erste Individuum, das er auf dieser Reise sah, war 1,25 Meter groß und hatte einen Brustumfang von 70 Zentimetern. Er war von heller Schokoladenfarbe, hatte einen dünnen Schnurrbartkranz, seine Beine waren gebogen und die Unterschenkel waren dünn, und die Wade war unentwickelt. Sein Körper war mit dichtem, pelzartigem Haar bedeckt, das fast einen halben Zoll lang war und in dieser Hinsicht mit den von Du Chaillu beschriebenen übereinstimmte .

Die Batwas, die Dr. Ludwig Wolfe 1886 im mittleren Kongobecken gesehen und vermessen hatte, hatten eine durchschnittliche Höhe von 1,20 Meter. Sie ähneln im allgemeinen Aussehen den Akka und haben längliche Köpfe, lange, schmale Gesichter und kleine rötliche Augen. Sie sprangen „wie Heuschrecken" durch das hohe Gras und waren bemerkenswert wendig beim Klettern.

Seit einigen Jahren gibt es Gerüchte über eine Rasse von Pygmäen im Inneren Kameruns, doch diese Berichte wurden erst im Jahr 1898 bestätigt, als es der Bulu-Expedition der deutschen Streitkräfte unter großen Schwierigkeiten gelang, mehrere Individuen zu sehen dieser Rasse, gesichert durch die Hilfe eines einheimischen Häuptlings. Eine Frau wurde gemessen und es stellte sich heraus, dass sie nur 1,20 m groß war. Die Farbe reichte von schokoladenbraun bis kupferfarben, mit Ausnahme der Palmen, die gelblich weiß waren. Das Haar war tiefschwarz, dicht und kraus; der Schädel breit und hoch; die Lippen sind voll und geschwollen. Wie andere Pygmäenstämme sind sie sehr scheu, wandern im Wald von Ort zu Ort und meiden häufig genutzte Reiserouten. Sie sind geschickte Jäger und sammeln viel Gummi, das sie an die Negerstämme abgeben.

Im selben Jahr unternahm Herr Albert B. Lloyd eine Reise in Zentralafrika und folgte dabei Stanleys Route durch den Kongo. Er war mit Ausnahme einiger Träger allein und hatte das Glück, das Land der Pygmäen und das der Kannibalen der Aruwimi ohne Konflikte oder Verletzungen zu durchqueren und freundschaftliche Beziehungen zu beiden Völkern aufzunehmen. Er reiste drei Wochen lang durch den Pygmäenwald und hatte hervorragende Gelegenheiten, seine Bewohner zu untersuchen.

Nachdem er den großen Urwald betreten hatte, reiste Herr Lloyd fünf Tage lang nach Westen, ohne einen Pygmäen zu Gesicht zu bekommen. Plötzlich wurde er durch mysteriöse Bewegungen zwischen den Bäumen auf ihre Anwesenheit aufmerksam, die er zunächst den Affen zuschrieb. Schließlich kam er zu einer Lichtung und hielt in einem arabischen Dorf, wo er eine große Anzahl der winzigen Nomaden traf. „Sie erzählten mir ", sagt Mr. Lloyd, „dass sie mich, ohne dass ich es wusste, fünf Tage lang beobachtet hatten und durch das Wachstum des Waldes spähten. Sie wirkten sehr verängstigt und bedeckten sogar beim Sprechen ihre Gesichter. I bat einen Häuptling, mir das Fotografieren der Zwerge zu erlauben, und er brachte ein Dutzend zusammen. Ich konnte einen Schnappschuss machen, aber die Langzeitbelichtung gelang mir nicht, da die Pygmäen nicht stehen blieben. Dann versuchte ich zu messen und fand keinen, der größer als einen Meter vier Fuß war. Alle waren voll entwickelt, die Frauen etwas schlanker als die Männer. Ich war erstaunt über ihre Robustheit. Die Männer haben lange Bärte, die bis zur Hälfte der Brust reichen. Sie sind sehr schüchtern und werden einem Fremden nicht ins Gesicht schauen, ihre perlförmigen Augen bewegen sich ständig. Sie sind, wie mir auffiel, ziemlich intelligent. Ich hatte ein langes Gespräch mit einem Häuptling, der sich intelligent über ihre Bräuche im Wald und die Anzahl der Tiere unterhielt Stammesangehörige. Sowohl Männer als auch Frauen waren bis auf einen winzigen Streifen Rinde völlig nackt. Die Männer waren mit vergifteten Pfeilen bewaffnet. Der Häuptling erzählte mir, dass die Stämme Nomaden seien und nie zwei

Nächte am selben Ort schliefen. Sie drängen sich einfach in hastig errichteten Hütten zusammen. Erinnerungen an einen weißen Reisenden – natürlich Mr. Stanley –, der vor Jahren den Wald durchquerte, sind immer noch lebendig."

Die Entdeckung dieser Waldpygmäen hat die Aufmerksamkeit auf die Buschmänner Südafrikas gelenkt, eine in der Wüste lebende Rasse, die seit langem bekannt ist, deren ethnologische Bedeutung jedoch vergleichsweise wenig Beachtung findet. Viele betrachten sie heute als einen Außenzweig der Waldpygmäen, wobei der Hauptunterschied in der Form des Schädels besteht, der bei den Buschmännern eher lang, bei den Pygmäen eher kurz ist. Diese heruntergekommenen Wanderer bewohnen ein Gebiet, das sich von den inneren Gebirgszügen der Kapkolonie über die zentrale Kalahari-Wüste bis in die Nähe des Ngami-Sees und von dort nach Nordwesten bis zum Ovambo-Fluss erstreckt. In diese kargsten Teile der südafrikanischen Wüsten wurden sie durch die Übergriffe von Kaffern, Hottentotten und Europäern getrieben.

Sie ähneln stark den Akka- Stämmen des Nordens, sind durchschnittlich etwa viereinhalb Fuß groß und besitzen tiefliegende, listige Augen, eine kleine und gesenkte Nase und ein allgemein abstoßendes Gesicht. Ihr Teint ist schmutzig gelb. Ihr Haar wächst in kleinen, wolligen Büscheln. In der Nähe des Ngami-Sees stellte Livingstone fest, dass sie von größerer Statur und dunklerer Farbe waren, während Baines in dieser Region einige maß, die eine Höhe von 1,60 Meter erreichten. Vom Wesen her sind die Buschmänner auffallend wild, bösartig und widerspenstig, während ihre geistige Entwicklung von Humboldt als nahezu der untersten Klasse der menschlichen Spezies zugehörig eingestuft wird.

In enger Verwandtschaft mit den Buschmännern und in mancherlei Hinsicht anders als die sie umgebenden dunklen Rassen sind die Hottentotten, die Ureinwohner der Kapkolonie, eine Hirtenrasse, die den degradierten Wüstennomaden in ihrer Kultur weit überlegen ist . Sie sind keine Zwerge, da sie von mittlerer Statur sind, aber sie ähneln den Buschmännern im Teint, in dem sie und im allgemeinen Gesichtszug eine gewisse Ähnlichkeit mit den Chinesen aufweisen. Ihr Haar wächst, wie das der Buschmänner, in Büscheln mit Zwischenräumen, und in der Sprache sind sie ihnen ähnlich, ihre Sprechweise besteht größtenteils aus einer Reihe von Klickgeräuschen. Ihre Art zu reden wurde mit dem Gackern einer Henne verglichen und von den Holländern mit dem „Fressen eines Truthahns". Die Hottentotten scheinen ein entwickelter Zweig der Pygmäenfamilie oder das Ergebnis einer Kreuzung zwischen Buschmännern und Negern zu sein.

Diese Zwergstämme, die sich heute über die äquatorialen Wälder und die Wüsten Südafrikas erstrecken, waren wahrscheinlich einst weitaus weiter verbreitet und bewohnten weite Teile des Kontinents und reichten bis nach

Madagaskar, wo ein Zweig von ihnen, bekannt als Kinios oder Quinias , lebt gedacht, noch zu existieren. Sie erstreckten sich nach Norden bis zum Mittelmeer und haben ihre Vertreter in Marokko in einem Stamm von etwa vier Fuß großen Zwergen zurückgelassen, die sich in ihrem Aussehen stark von allen anderen Völkern dieses Landes unterscheiden. Über ihre Herkunft gibt es unterschiedliche Meinungen. Einige Anthropologen betrachten sie als eine urzeitliche Rasse, die sich von den Negern unterscheidet, die später zu ihnen kamen. Professor Virchow hingegen ist der Meinung, dass ihr einziger wichtiger Unterschied zu den Negern in der Größe liegt, und betrachtet sie als Überreste einer primitiven Bevölkerung, von der die Neger abstammen.

In einem vorangehenden Abschnitt wurde eine Aussage darüber gemacht, wie das wahrscheinliche allgemeine Erscheinungsbild des Menschenaffen aussah. Es basierte auf dem physischen Aspekt der Pygmäen, von denen wir annehmen, dass sie die unmittelbaren Abkömmlinge der Affen-Vorfahren des Menschen darstellen und keine radikalen Veränderungen in ihrem persönlichen Erscheinungsbild vorgenommen haben, wenn wir anhand der verschiedenen affenähnlichen Merkmale urteilen dürfen, die sie immer noch aufweisen . Geistig haben sie einen beträchtlichen Fortschritt gemacht und das Stadium von Menschen mit geringer intellektueller Leistungsfähigkeit erreicht; Aber während ihr Gehirn wuchs, hat sich ihr Körper nicht wesentlich verändert, und die Spuren ihrer Herkunft sind deutlich sichtbar. Wahrscheinlich hat sich die Größe kaum verändert, da die geringe Statur und die geringen Körpermaße mit ihrer unaufhörlichen Aktivität im Einklang stehen, während die Schwierigkeiten beim Durchqueren des dichten Bewuchses des Tropenwaldes möglicherweise dazu beigetragen haben, dass sie klein blieben. So sind sie etwa halb so groß wie ein zivilisierter Mann, wobei das Gewicht eines ausgewachsenen erwachsenen Mannes wahrscheinlich nicht mehr als 40 Pfund beträgt.

Betrachtet man die Pygmäen als Ganzes, kann man sagen, dass viele der Akkas zwar unproportional geformt sind und einen unsicheren Gang haben, diese Menschen aber im Großen und Ganzen gut gebaut sind, wobei ihr hervorstehender Bauch wahrscheinlich auf ihre Essgewohnheiten zurückzuführen ist. Kapitän Guy Burrows sagt, dass ein Pygmäe doppelt so viel essen würde, wie ein ausgewachsener Mann ausreichen würde, und dass einer von ihnen bei einer Mahlzeit eine ganze Bananenstaude zusammen mit anderen Nahrungsmitteln verschlingen würde. Einige Stämme werden als körperlich und geistig degeneriert beschrieben, und in vielen Fällen wird die Prognathie stark ausgeprägt, da der untere Teil des Gesichts eine affenähnliche Kontur aufweist und das hervorstehende Kinn, ein dem Menschen eigentümliches Merkmal, sehr mangelhaft ist. In ihrer großen Bauchentwicklung ähneln die erwachsenen Akkas den Kindern von Arabern und Negern. Dies scheint daher die Beibehaltung eines primitiven Merkmals zu sein, das bei den fortgeschritteneren Typen der Menschheit zu einem vorübergehenden Merkmal geworden ist.

Den Pygmäen mangelt es nicht an Intelligenz, und sie sind in der Lage, einige Elemente der Bildung zu erhalten. Zwei von ihnen wurden um 1875 nach Italien gebracht und lernten innerhalb von zwei Jahren lesen und schreiben sowie fließend Italienisch. Sie zeigten, dass sie europäischen Kindern im Alter von zehn oder zwölf Jahren im Schulunterricht überlegen waren, und einer von ihnen erlangte einigermaßen gute Kenntnisse in der Musik. In ihren Gewohnheiten ähnelten sie Kindern: Sie waren sensibel und impulsiv, spielfreudig und sehr schnell in ihren Bewegungen. Ihre Bereitschaft, sich die Elemente der Bildung anzueignen, stimmt mit der Erfahrung anderer Wilder überein. Erst wenn Studien erreicht werden, die tiefgründiges Nachdenken erfordern, endet die Leichtigkeit, die wilden Rassen zu erobern.

Mit dieser Betrachtung der Merkmale und des Lebensraums der Pygmäen können wir zu einem Überblick über ihre Gewohnheiten übergehen. Die Waffen, die sie offenbar während ihres langen Aufstiegs entwickelt haben und denen ihre Überlegenheit über die wilden Tiere des Waldes wahrscheinlich zu verdanken ist, bestehen aus zwei Waffen, Pfeil und Bogen und dem Speer. Pfeil und Bogen sind klein und unbedeutend und hätten kaum einen Wert, wenn es nicht das Gift gäbe, das die Pygmäen auf irgendeine Weise zu bekommen gelernt haben und das sie nicht nur bei Tieren, sondern auch bei Menschen fürchten lässt. Wo auch immer er gefunden wird, von den Wüsten im Süden bis zu den Wäldern von Welle und Aruwimi im Norden, ist der vergiftete Pfeil ein Zeichen der Verwandtschaft, das in seiner Art und Weise ebenso entschieden ist wie ihre physische Ähnlichkeit. Seine weite Verbreitung deutet darauf hin, dass es vor langer Zeit die allgemeine Waffe der Pygmäen war, als sie vermutlich ganz Afrika für sich hatten und die Tierwelt dieses Kontinents souverän beherrschten.

Es ist tatsächlich wahr, dass der Gebrauch des vergifteten Pfeils nicht nur ihnen vorbehalten ist, sondern ein einigermaßen üblicher Besitz wilder Stämme in allen Teilen der Erde ist. Dies macht es durchaus möglich, dass es ursprünglich nicht von den Pygmäen stammte, sondern von ihnen von anderen Stämmen abgeleitet wurde. Andererseits könnte es angesichts seines großen Werts, ihnen die Vorherrschaft über die niederen Tiere zu verschaffen, durchaus eine urzeitliche Erfindung der Pygmäen gewesen sein und diese Stämme die ursprüngliche Quelle seiner bestehenden weiten Verbreitung gewesen sein.

Sie besitzen mehr als ein Gift; Eine davon ist eine dunkle Substanz von der Farbe und Konsistenz von Pech, die vermutlich aus einer Aronstabart besteht. Es wird in die Schienen ihrer Holzpfeile gelegt oder dick auf ihre eisernen Pfeilspitzen gestreut, wenn sie diese besitzen. Ein anderes Gift hat eine blasse Leimfarbe und soll laut Stanley aus zerkleinerten roten Ameisen bestehen. Im frischen Zustand sind diese Gifte tödlich und verursachen übermäßige Ohnmacht, Herzklopfen, Übelkeit und tiefe Blässe, die bald zum Tod führen. Nach Stanleys Erfahrung starb ein Mann innerhalb einer Minute an einem bloßen Nadelstich in die Brust. Andere lebten in unterschiedlichen Zeitabständen, die bis zu hundert Stunden dauerten. Der Unterschied in der Virulenz scheint vom Frischegrad des Giftes abzuhängen, das offenbar seine Stärke verlor, als es austrocknete.

Der Besitz einer so tödlichen Waffe scheint zusammen mit der Beweglichkeit, dem Wagemut und der unfehlbaren Treffsicherheit der Waldzwerge auszureichen, um ihnen die absolute Kontrolle über die Tiere der afrikanischen Wildnis zu geben. Der Löwe, der Elefant und der Büffel, die größten und wildesten Tiere des Feldes und des Waldes, sind machtlos gegenüber dem giftigen Gift der Pfeile der Pygmäen, und zweifellos haben sie seit Jahrhunderten die Herrschaft als furchtlose Herrscher über Wald und Wald inne wild. Kapitän Burrows sagt über die Geschicklichkeit des Pygmäen mit dem Bogen: „Er schießt drei oder vier Pfeile nacheinander mit solcher Geschwindigkeit ab, dass der letzte den Bogen verlassen hat, bevor der erste sein Ziel erreicht hat."

Bogen und Speer sind nicht ihre einzigen Mittel zur Nahrungsbeschaffung. Sie verfügen über bestimmte Fähigkeiten des Fallenstellers, vielleicht ursprünglich von ihnen, vielleicht von ihren größeren Nachbarn entlehnt. Sie graben Gruben in die Wege ihres Wildes, bedecken sie mit leichten Stöcken und Blättern und bestreuen das Ganze mit Erde. Sie bauen hüttenartige Strukturen und legen Nüsse oder Kochbananen darunter, um Schimpansen, Paviane oder andere Affen anzulocken. Eine leichte Bewegung lässt die Hütte auf die unvorsichtigen Tiere fallen. Bogenfallen werden entlang der Fährten von Zibetkatzen, Schlupfvögeln und Nagetieren aufgestellt, die diese schnappen und erwürgen. Die Pygmäen zögern nicht, den Elefanten anzugreifen, ihn von unten aufzuspießen und ihn wegen seines Elfenbeins zu jagen, das sie mit den sesshaften Stämmen handeln. Kurz gesagt, sie sind von unübertroffener Beweglichkeit und die besten Waldarbeiter und Jäger. Ihre Fähigkeiten werden von den sesshaften Stämmen ausgenutzt, die mit ihnen Gemüse, Tabak, Speere, Messer und Pfeile gegen Fleisch, Honig und Federn eintauschen von Vögeln, das Elfenbein des Elefanten und andere Waldbeute. Sie wirken so zerstörerisch auf das Wild, dass sie den umliegenden Wald bald vernichten würden, wenn sie lange an einem Ort blieben, so dass sie gezwungen sind, häufig umzuziehen. Schweinfurth spricht von ihnen als grausam und tierquälerisch.

Sie dienen den sesshaften Eingeborenen auf andere Weise, indem sie als Späher fungieren und sie über die Ankunft von Fremden informieren, während sie noch in der Ferne sind. Jede Waldstraße führt durch ihre Lager, ihre Dörfer beherrschen jede Kreuzung, und ohne ihr Wissen kann im Wald keine Bewegung stattfinden, während sie in der Kunst des Versteckens geübt sind.

Die überlegene Holzkunst, die bösartige Gesinnung, die vergifteten Pfeile und die gute Treffsicherheit dieser Waldbewohner machen sie zu furchterregenden Feinden, und die sesshaften Stämme haben Angst vor ihnen und sind froh, gute Beziehungen zu ihnen zu pflegen. Dennoch empfinden sie sie als großes Ärgernis, da ihre zwergenhaften Nachbarn freien Zugang zu ihren Gärten und Kochbananenfeldern beanspruchen, wo sie sich gegen kleine Vorräte an Fleisch und Fellen selbst Obst ernten. Kurz gesagt, sie sind menschliche Parasiten der größeren Eingeborenen, die unter ihren Erpressungen leiden, aber Angst haben, ihre Feindschaft zu provozieren. Burrows sagt, dass sie niemals stehlen werden, aber dass sie für die Kochbananen, die sie nehmen, sehr unzureichend bezahlen und als Gegenleistung für reichlich Essen ein sehr kleines Paket Fleisch zurücklassen.

Die Pygmäen errichten ihre Lager zwei bis fünf Meilen von den Negerdörfern entfernt und leben in Gruppen von sechzig bis achtzig Familien. Um eine große Lichtung herum können sich acht bis zwölf dieser Pygmäenlager mit vielleicht zweitausend Insassen befinden. Ihre Behausungen haben die Form eines ovalen Längsschnitts und sind kreisförmig angeordnet, wobei die Residenz des Häuptlings die Mitte einnimmt . Die Türen sind zwei bis drei Fuß hoch. Auf jedem Weg, der zum Lager führt, befindet sich in etwa hundert Metern Entfernung ein Wachhäuschen, das groß genug ist, um zwei der kleinen Leute aufzunehmen, dessen Tür vom Lager aus auf den Weg blickt. Während sie durch den Wald wandern, bauen sie die dünnsten Laubunterstände.

Die Intelligenz der Pygmäen ist sehr gering. In den Künsten, die sie seit Jahrhunderten entwickeln, sind sie Experten, sie sind mit den Gewohnheiten der Tiere bestens vertraut und als Jäger sind sie unübertroffen. Aber an Intellekt mangelt es ihnen eindeutig. Sie haben keinen Ackerbau, besitzen keine Tiere außer ein paar Hunden und verfügen über keine Elemente der Kultur. Die Buschmänner zum Beispiel können nur bis zwei zählen; alles darüber hinaus ist „viele“. Dennoch ist dieser niedere Stamm der Wüstennomaden, wie wir bereits sagten, begabt in der Kunst des Zeichnens, und seine Skizzen von Menschen und Tieren sind in der gesamten Kapkolonie weit verbreitet.

Den Pygmäen scheint es an sozialen Gefühlen zu mangeln. Burrows sagt in seinem „Land der Pygmäen“, dass sie nicht einmal die gewöhnlichsten Bindungen familiärer Zuneigung besitzen. Solche gemeinsamen und natürlichen Gefühle der Verwandtschaft wie die zwischen Mutter und Sohn, Bruder und Schwester usw. schienen ihnen zu fehlen.

Es ist eine Tatsache von großem Interesse, dass die Rasse der Pygmäen nicht auf Afrika beschränkt zu sein scheint, denn Stämme von Menschen, die den Pygmäen in ihrer Statur und in verschiedenen anderen Einzelheiten ähneln, finden sich an weit entfernten Orten, wie in Malakka, auf den Andamanen und auf den Philippinen Archipel, obwohl es Hinweise darauf gibt, dass sie sich einst weit über diese Inselregion der Erde ausgebreitet haben. Diejenigen der Philippinen, bekannt als Negritos oder Aetas , wurden einigermaßen genau beobachtet und können kurz beschrieben werden.

Die Negritos ähneln in ihrer Statur den Pygmäen Afrikas, die Männer sind durchschnittlich 1,20 Meter groß, und sie ähneln ihnen auch im allgemeinen Erscheinungsbild. Sie haben eine dunklere Gesichtsfarbe, einige sind so zottelfarben wie Neger, und alle sind dunkler als die afrikanischen Pygmäen. Ihre Gesichtszüge sind grob und unförmig, ihre Nase ist eingedrückt, ihre Lippen sind voll, ihr Haar ist schwarz und kraus. Im Körperbau sind sie wie die Pygmäen dünn und haben spindelförmige Beine. Die Wade des Beines ist bei keinem dieser Zwergmenschen entwickelt. Die Negritos besitzen ein ausgeprägtes und bedeutsames Merkmal: die Trennung der großen Zehe. Dieser verfügt zwar nicht über die volle Bewegungskraft der Affen, ist aber viel weiter von den anderen getrennt als bei den Weißen und kann leicht zum Greifen genutzt werden. Mit seiner Hilfe kann der Negrito nicht nur kleine Gegenstände aufheben, sondern auch die Takelage eines Schiffes mit dem Kopf nach unten herabsteigen und sich dabei wie ein Affe an den Zehen festhalten. Man kann sagen, dass bei unzivilisierten und barfüßigen Menschen die große Zehe normalerweise sehr beweglich ist. Die Handwerker von Bengalen können mit seiner Hilfe weben, die chinesischen Bootsfahrer können rudern, und es erleichtert das Klettern erheblich.

Die Negritos tragen wenig Kleidung, haben keinen festen Wohnsitz und verbringen ein Wanderleben in den Wäldern, wo sie sich von Wild, Honig, wilden Früchten, Aronstabwurzeln und anderen Waldnahrungsmitteln ernähren. Ihre Waffen bestehen aus einer Bambuslanze, einem Bogen aus Palmenholz und einem Köcher mit vergifteten Pfeilen. Es ist sicherlich eine bemerkenswerte Tatsache, dass die Pygmäenstämme, wo immer sie vorkommen, von Südafrika bis zum Fernen Osten, die Kunst besitzen, ihre Waffen zu vergiften. Diese Kunst wird von den umliegenden Völkern nicht praktiziert und ist der stärkste Beweis einer Herkunftsgemeinschaft. Es scheint auf eine ferne Zeit hinzuweisen, als sich die Pygmäenvölker weit über die Tropen der östlichen Hemisphäre ausbreiteten, obwohl sie in der jetzt betrachteten Region durch die Angriffe der Malaysier fast verschwunden sind.

Die Negritos sind körperlich sehr wachsam und auffallend leichtfüßig, während sie wie Affen klettern können. Sie leben in Gruppen von etwa fünfzig Familien und erhalten durch das einfache Aufstellen von schrägen Stangen und Blättern Schutz. An ihren sesshafteren Orten bauten sie jedoch Bambushütten wie die der Malaysier. Sie sind eine kurzlebige Rasse und werden selten älter als vierzig Jahre. Geistig sind sie dumm und scheinbar unfähig, sich zu verbessern, und scheinen am Fuße der menschlichen Skala zu stehen. Es wurden Versuche unternommen, sie zu unterweisen, aber alle erwiesen sich als Fehlschläge. Versuche, sie zu Landwirten zu machen, haben sich als ebenso erfolglos erwiesen. Sie sind von Natur aus Jäger, und es ist wahrscheinlich, dass sie auch Jäger bleiben.

Der einzige östliche Ort, den die Pygmäen bis vor Kurzem vollständig besaßen, sind die Andamanen. Dies ist nicht mehr der Fall. Großbritannien errichtete nach der Meuterei in Indien eine Strafsiedlung auf diesen Inseln, und als Folge davon begannen die Mincopies , wie ihre Ureinwohner genannt werden, zu verschwinden. Diese Inselbewohner sind etwas größer als die philippinischen Negritos und erreichen eine Körpergröße von 1,20 bis 1,50 m , ansonsten besteht jedoch eine ziemlich große Ähnlichkeit zwischen ihnen. Ihre Farbe ist dunkelbraun oder schwarz, ihr Haar ist wollig und neigt dazu, in Büscheln zu wachsen, wie das der Buschmänner. Obwohl der Kopf im Verhältnis zum Körper groß ist, ist er in Wirklichkeit sehr klein und hat eine geringe Schädelkapazität. Das der Männer beträgt nur 1244 Kubikzentimeter , im Gegensatz zu 1554 Kubikzentimetern einer großen Anzahl männlicher Pariser, die Broca gemessen hat. Das der Frauen unterscheidet sich im gleichen Verhältnis. Flower sagt, dass die Mincopies in dieser Hinsicht den niedrigsten Rang unter den menschlichen Rassen einnehmen; Es muss jedoch beachtet werden, dass das Gehirn normalerweise mit abnehmender Körpergröße kleiner wird.

So klein diese Inselbewohner auch sind, ihre Stärke ist relativ groß. Sie verwenden problemlos Bögen, die die stärksten englischen Seeleute nicht spannen können, obwohl Übung möglicherweise viel mit dieser Fähigkeit zu tun hat. Und sie können Pfeile mit einer Kraft abfeuern, die nicht zu ihrer Größe passt. Ihre Agilität ist bemerkenswert. Reisende sprechen von der Geschwindigkeit der Kugel, wenn sie ihr Laufen beschreiben – zweifellos mit etwas Übertreibung. Ihre Sinne sind auffallend scharf. Es wird gesagt, dass sie Früchte anhand ihres Geruchs unterscheiden können, wenn sie im Laub des Dschungels versteckt sind, und dass sie über ein wunderbares Seh- und Hörvermögen verfügen. Wie bei den Aetas ist ihr Leben kurz, obwohl das Pubertätsalter fast so hoch ist wie bei uns. Fünfzig ist bei diesen Menschen ein extremes Alter, und zweiundzwanzig soll die durchschnittliche Lebenserwartung sein.

Geistig sind sie auf einem niedrigen Niveau, nach Meinung von Owen das niedrigste unter den Rassen der Menschheit. Beim Zählen haben sie nur Wörter für eins und zwei, können aber bis zehn zählen, indem sie nacheinander mit jedem Finger die Nase berühren und jedes Mal sagen: „Dieses auch." Ihre Sprache ist primitiv und in verschiedener Hinsicht weisen sie eine geringe Intelligenz auf. Dennoch können sie, wie im Fall der erwähnten Akkas , auf dem Niveau anderer Kinder im Alter von zwölf oder vierzehn Jahren unterrichtet werden. Ihr Geist scheint nach Meinung von Dr. Brander eher zu schlafen als unfähig. Einem Kind wurde das Lesen und Schreiben sowie das fließende Sprechen von Englisch beigebracht und es erlangte einige Kenntnisse im Rechnen; und das war kein Ausnahmefall.

Wenn wir die Leichtigkeit bedenken, mit der Affen viele für sie neue Künste und Handlungen erlernt werden können, erscheint es überhaupt nicht bemerkenswert, dass diese Zwergenmenschen, wie andere Wilde, den Affen in ihrer Gehirnleistung weit überlegen sein sollten in der Lage, die kleineren Elemente der Bildung zu erwerben. Es ist nicht das, was ihnen beigebracht werden kann, sondern das, was sie sich selbst beigebracht haben, was wir berücksichtigen müssen, wenn wir ihnen ihren relativen Platz in der intellektuellen Entwicklung zuweisen. In dieser Hinsicht liegen die Mincopies auf einem sehr niedrigen Niveau. Sie haben sich noch nicht einmal die Kunst des Feuermachens angeeignet, obwohl dies bei der Menschheit nahezu üblich ist. Sie wissen nur, wie man ein Feuer am Leben erhält, und dabei sind sie sehr fleißig. Es ist wahrscheinlich, dass sie zunächst von Vulkanen auf benachbarten Inseln in Brand geraten waren.

Wie den Pygmäenvölkern im Allgemeinen mangelt es ihnen an der Kunst des Steinschlagens, einer der ältesten vom Menschen erworbenen Künste. Ihre einzige Möglichkeit, Stein zu formen, besteht darin, ihn ins Feuer zu legen, bis er zerbricht oder splittert, und dann können sie die scharfen Splitter für ihre Zwecke verwenden. Sie verfügen überhaupt nicht über die Kunst des Zeichnens und haben keine andere Möglichkeit, ihre Gedanken mitzuteilen als durch Sprache.

Trotz dieser Mängel haben sie in der industriellen Kunst einige Fortschritte gemacht. Sie stellen hölzerne Gefäße her und können Töpferwaren herstellen, die dem Feuer standhalten und in denen sie die meisten ihrer Speisen kochen. Sie stellen Netze von beträchtlicher Größe her, mit denen sie in den engen Bächen fischen. Sie haben Pfeile und Harpunen, deren Spitzen mit einer langen Schnur am Schaft befestigt sind. Der getroffene Fisch oder das Landtier wickelt diese Schnur ab, um zu entkommen, und da seine Geschwindigkeit durch die Welle, die er mit sich zieht, gebremst wird, kann er leicht gefangen werden.

Die Mincopies besitzen Boote, und diese scheinen früh im Besitz der Negrito-Bevölkerung gewesen zu sein, mit deren Hilfe sie von Insel zu Insel wandern konnten. Ihre Kanus verfügen über nautische Qualitäten, die englische Seeleute in Erstaunen versetzt haben. Früher waren sie wahrscheinlich mutige und mutige Fischer und Seefahrer, bis sie durch die Invasion der Malaien in die Wälder und Berge vertrieben wurden.

So wie die Pygmäen aller Wahrscheinlichkeit nach die Ureinwohner Afrikas waren, so scheinen die Negritos die Ureinwohner der östlichen Inseln, wenn nicht Indiens, gewesen zu sein. Quatrefages findet in seinem Werk „Die Pygmäen" Grund zu der Annahme, dass auch heute noch Spuren von ihnen, rein oder gemischt, von Südost-Neuguinea bis zu den Andamanen und von den Sunda- Inseln bis nach Japan gefunden werden können. Auf dem Kontinent erstreckt sich ihr Verbreitungsgebiet seiner Meinung nach „von Annam und der Halbinsel Malakka bis zu den westlichen Ghauts und vom Kap Comorin bis zum Himalaya".

In einem Teil Indiens wird die Negrito-ähnliche Bevölkerung *von den benachbarten Stämmen Banderlokh* (wörtlich „Menschenaffe") genannt. Die Semangs von Malakka haben eine tiefschwarze Farbe, dicke Lippen, eine flache Nase und einen hervorstehenden Bauch. Was das Merkmal des Prognathismus anbelangt, so ist er in unterschiedlichem Ausmaß vorhanden, wobei das deutlichste Beispiel auf dem Foto eines der Kalangs von Java zu sehen ist, einem Stamm, der kürzlich ausgestorben ist. Das Gesicht dieses Individuums ähnelt im Profil auffallend einem Affen.

Überall, wo man diese Zwergenvölker findet, ob in Afrika, Indien oder Malaysia, wirken sie wie eine Ureinwohnerrasse, die heute durch die Einfälle größerer und besser bewaffneter Völker weitgehend ausgerottet wurde, einst aber weit verbreitet und zahlreich war. Über ihren Herkunftsort, sei es in Afrika, Indien oder der Inselregion, ist es zwecklos, darüber zu spekulieren, da die Fakten, auf denen sich eine Meinung stützen könnte, nicht bekannt sind. Wo immer man sie findet, stehen sie in enger Beziehung zu den schwarzen Rassen, den Negern Afrikas, den Papuas Polynesiens, und es gibt Hinweise auf einen beträchtlichen Grad an Rassenmischung. Dies ist insbesondere in Polynesien und Indien der Fall, wo die Negritos durch eine Zwischenreihe von Mischlingen in die ausgewachsenen Schwarzen überzugehen scheinen.

Dennoch muss eine Tatsache von ethnologischer Bedeutung erwähnt werden. Die Negritos und Pygmäen sind überall brachyzephal oder kurzköpfig, mit Ausnahme der Buschmänner, die dolichozephal oder teilweise dolichozephal sind. Neger und Papua sind stark dolichozephal. In dieser Hinsicht stimmen die Pygmäenvölker eher mit den kurzköpfigen mongolischen oder gelben Rassen überein als mit den langköpfigen Negern oder schwarzen Rassen, obwohl sie in allgemeinen Merkmalen den letzteren nahe kommen.

In Wahrheit könnte es sich bei dieser Zwergenrasse um den Urstamm handeln, von dem einerseits die Mongolen und andererseits die Neger abstammten, da sie gewissermaßen zwischen beiden liegen. Latham sagt über die Rajmalis- Bergsteiger: „Einige sagen, ihr Gesicht sei mongolisch, andere sagen, es sei afrikanisch." Quatrefages ist der festen Überzeugung, dass der Neger indischer Herkunft ist und durch Migration nach Afrika gelangt ist. Er stützt seine Meinung auf den negroiden Charakter bestehender Stämme in Indien, Persien und anderswo in Asien sowie auf den ähnlichen Charakter der polynesischen Ureinwohner. Was die Pygmäen betrifft, so haben sie sich wahrscheinlich in einer Zeit vor langer Zeit über den gesamten Teil der Erde ausgebreitet und schon vor sehr langer Zeit die Rassenunterschiede entwickelt, die zwischen einzelnen Stämmen zu bestehen scheinen. Unterschiede dieser Art sind im Osten zu beobachten, und Stanley weist, wie bereits erwähnt, auf einen deutlichen Unterschied zwischen den Wambutti und den Akka hin .

Wo immer man sie findet, sind die Pygmäen Jäger, die sich meist im tiefen Wald niederlassen und durch ihre Beweglichkeit, List und tödlichen Waffen Meister der gesamten Welt der niederen Tiere sind. Körperlich sind sie wahrscheinlich nicht weit vom Affenmenschen, ihrem entfernten Vorfahren, entfernt, denn sie behalten verschiedene affenähnliche Merkmale bei, wie z Wade, gelegentlich watschelnder Gang beim Gehen und die anderen oben genannten Einzelheiten. Es gibt sicherlich zahlreiche Gründe zu der Annahme, dass sie, wie wir bereits angedeutet haben, das Endergebnis des ersten großen Konflikts in der Evolution des Menschen sind, nämlich jenes mit den niederen Tieren.

Sobald diese gesicherte Meisterschaft erlangt war, endete die Gelegenheit zur weiteren Entwicklung dieses Volkes, während es in dem Waldlebensraum blieb, den es von seinen Affenvorfahren geerbt hatte. Hier war das Problem der Nahrungsbeschaffung vollständig gelöst und es gab nichts, was einen neuen Schritt in der Evolution auslöste. Die Zeit des Konflikts endete, eine Zeit der Ruhe trat ein, und was die Pygmäen betrifft, dauert diese Zeit immer noch an. Obwohl spätere Rassen, ihre wahrscheinlichen Nachkommen, den Wald verlassen und durch neue Konflikte mit widrigen Bedingungen neue Entwicklungsstadien eingeleitet haben, bleiben die Pygmäen in ihrem Ruhezustand und könnten, wenn sie sich selbst überlassen würden, in diesem Zustand für Jahrhunderte verbleiben Zukunft, wie sie es schon seit Ewigkeiten getan haben. Beim jetzigen Stand der Dinge droht jedoch einigen von ihnen die Vernichtung, während erzieherische und andere Einflüsse von außen der physischen und geistigen Isolation der anderen ein Ende bereiten könnten.

Wenn man die heutigen Pygmäen betrachtet, ist es tatsächlich unmöglich zu sagen, inwieweit ihre Gewohnheiten und Besitztümer ursprünglich mit ihnen selbst übereinstimmen und inwieweit sie von anderen abgeleitet wurden. Es besteht kein Zweifel, dass sie von den Bräuchen der umliegenden Völker höherer Kultur beeinflusst wurden und dass sie Geräte und Methoden von außen erhalten haben. Um zum reinen Pygmäen als Ergebnis der Evolution in ihm selbst vorzudringen, müssten wir alle diese zufälligen Hilfsmittel abstreifen, wenn wir sie von den der Rasse innewohnenden Bedingungen unterscheiden könnten, und ihn so betrachten könnten, wie er war, bevor er fiel unter dem Einfluss höherrangiger Männer. Wäre es möglich, ihn auf diese Weise zu isolieren und sein ursprüngliches Selbst darzustellen, würden wir ein ethnologisches Exemplar von höchstem Interesse und Bedeutung vor uns haben, als ultimatives Ergebnis der ersten großen Stufe in der Entwicklung des Menschen von seinem Vorfahren, dem Affen.

X
DER KONFLIKT MIT DER NATUR

Es ist eine häufig diskutierte Frage, ob der Mensch eine einzige Art oder zwei oder mehr Arten tierischer Abstammung umfasst. Wenn eine Linie von der Goldküste im tropischen Afrika bis zu den Steppen der Tataren in Zentralasien gezogen wird, werden sich an ihren beiden Enden zwei deutlich unterschiedliche Menschenrassen präsentieren. An seinem südwestlichen Ende finden wir die langköpfigste, prognathste, kraushaarigeste und dunkelhäutigste Rasse der Menschheit. An seinem nordöstlichen Ende befindet sich die Rasse mit dem rundsten Kopf, orthognathen, glatten Haaren und gelber Haut. In der Mitte dazwischen erscheinen Völker der Mittelstufe, mit runden, ovalen oder länglichen Köpfen, glattem oder lockigem Haar, heller oder dunkler Haut, aufrechten oder hervortretenden Gesichtern, möglicherweise Männer, ihrem körperlichen Charakter nach zu urteilen, ein Ergebnis der Verschmelzung dieser beiden Unterschiede Rennen.

Diese Unterschiede können das Ergebnis ursprünglicher Artenunterschiede oder auf klimatische und andere Natureinflüsse zurückzuführen sein. Einige Autoren akzeptieren die eine Ansicht, andere die andere, und keine davon wird durch eine große Faktenlage gestützt. Die Rasse der Pygmäen weist ähnliche Unterschiede auf. Normalerweise haben diese kleinen Männer einen runden Kopf, in einigen Fällen sind sie aber auch langköpfig, wobei manchmal so deutliche Unterschiede auftauchen, dass Stanley zwei benachbarte Stämme als getrennte Rassen einstufte. Hier weisen sie Merkmale des Mongolen auf, dort ähneln sie dem Neger. Dies deutet darauf hin, dass die Unterscheidung zwischen Negern und Mongolen schon vor langer Zeit begann, beweist aber nicht, dass sie das Ergebnis ursprünglicher Artenunterschiede ist oder dass sich zwei verschiedene Affenformen getrennt voneinander zum Menschen entwickelt haben. Obwohl dies durchaus möglich ist, wurde die Theorie einer einzelnen Art am weitesten akzeptiert. Die Hauptautoren zu diesem Thema glauben, dass die Unterschiede in jenem unentwickelten Stadium der Menschheit entstanden sind, als der Widerstand gegen die verändernden Einflüsse der Natur noch schwach war und die Struktur des menschlichen Körpers möglicherweise leicht Kräften nachgegeben hat, die kaum oder gar keine Wirkung hatten jetzt drauf.

Eines können wir sicher sein, nämlich dass es in längst vergangenen Zeiten eine große Wanderung der Affen gab. Viele Arten verließen die Tropen und breiteten sich nach Norden aus, bis nach Europa, das damals offenbar durch Landbrücken mit Afrika verbunden war, und weit über Asien hinaus. Zu diesem Zeitpunkt gab es unter atmosphärischen Bedingungen wahrscheinlich keine Möglichkeit, eine solche Migration zu verhindern. Es wird angenommen, dass das Tertiärklima in Europa recht mild war. Und die Affenfamilie ist keineswegs unbedingt auf warme Regionen beschränkt. Heutzutage findet man Affen in den hohen Lagen der Berge Indiens, wo sie der Kälte von zehntausend Fuß Höhe standhalten.

Für die Migration nach Europa gibt es zahlreiche Belege; an vielen Orten dieses Kontinents wurden fossile Überreste von Affen gefunden. Unter diesen Bewohnern des frühen Europas befand sich mindestens ein Vertreter der Menschenaffen, der als Dryopithecus bekannten fossilen Art aus den mittelmiozänen Ablagerungen von St. Gaudens , Frankreich. Diese Art, die offenbar am ehesten mit dem Schimpansen verwandt ist, war größer als alle existierenden Menschenaffen. Zwei oder drei weitere fossile Überreste, möglicherweise von Menschenaffen kleinerer Größe, wurden gefunden, und Europa scheint in einer fernen geologischen Zeit gut mit Affen mit einem beträchtlichen Entwicklungsstand versorgt gewesen zu sein. Darunter befand sich möglicherweise die Form, die wir als Menschenaffen bezeichnet haben, den Vorfahren der Menschheit, obwohl kein fossiles Relikt erkannt wurde, das einer solchen Art zugeordnet werden könnte.

Wenn wir zu einer viel niedrigeren Zeit zurückgehen, finden wir Spuren des Menschen, zuerst in seinen grob angeschlagenen und später in seinen polierten Steinwaffen und Werkzeugen. Und die Knochen des Menschen selbst erscheinen, die sich über das sogenannte Quartär oder Pleistozän erstrecken. Fast alle diese Überreste wurden durch die Bestattungskunst konserviert, was auf einen gewissen Grad geistigen Fortschritts hinweist, obwohl ihr Aufenthalt in Höhlen und die Grobheit ihrer Geräte ein Beweis dafür sind, dass die Rasse noch eine niedrige Kultur besaß.

Eine interessante Tatsache im Zusammenhang mit diesen antiken menschlichen Überresten ist, dass die meisten von ihnen auf eine kleine Rasse mit schmalen Schädeln und hervorstehenden Kiefern hinweisen, die in ihrer allgemeinen Struktur an die Pygmäen erinnern. Diese grobe und kleine Rasse dauerte bis in die späte prähistorische Zeit. Sie erstreckte sich von der Höhlenbären- und Mammutzeit bis zur späteren Rentierzeit, wie Funde in den Höhlen der belgischen Provinz Namur belegen. Und es gibt guten Grund zu der Annahme, dass dies bis ins Bronzezeitalter andauerte, denn die geringe Größe der Griffe von Bronzewaffen zeigt, dass sie für Männer mit kleinen Händen gedacht waren.

Diese winzigen Menschen scheinen nicht größer als 1,20 Meter gewesen zu sein. Sie waren jedoch nicht allein. Männer normaler Größe waren mit ihnen in Europa. Die Nordwanderung der Pygmäen scheint von der eines ausgewachsenen Volkes begleitet oder gefolgt zu sein . Dennoch haben sich die Pygmäen mit gewissen Modifikationen in Europa wie in Afrika behauptet. Auf Sizilien und Sardinien, die Teil einer angeblichen ehemaligen Landbrücke zwischen Afrika und Europa sind, lebt noch immer ein kleines, etwa fünf Fuß großes Volk, das Dr. Kollman als Vertreter einer eigenen Rasse ansieht, der Vorfahren der großen Europäer. In den Lappen Nordeuropas gibt es eine weitere kleine Rasse, möglicherweise direkte Nachkommen der Quartärpygmäen. Überall war der kleine Mann gezwungen, sich vor dem größeren und stärkeren Mann in Wälder, Wüsten und eisige Ödlande zurückzuziehen. Die Folklore Europas ist voll von Überlieferungen über eine Zwergenrasse und ihren Konflikt mit Menschen größerer Abstammung, und es gibt verschiedene Hinweise darauf, dass diese Rasse einst weit verbreitet war.

Was hier über die Einwanderung des Menschen nach Europa und seine Entwicklung in diesem Land gesagt wurde, ist Vorstufe zu einer Betrachtung der zweiten großen Stufe der menschlichen Entwicklung, die auf den Konflikt mit der Natur zurückzuführen ist. Der Konflikt mit der Tierwelt scheint mit der Entstehung einer zwergenartigen, im Wald lebenden Variante des Menschen auf der niedrigsten menschlichen Stufe der geistigen Evolution geendet zu haben. Der Konflikt mit der Natur endete in der Entwicklung eines vollwertigen Menschen, der größtenteils im offenen Land lebte und intellektuell weit überlegen war, was sich in seiner höheren Denkfähigkeit und seinem fortgeschrittenen Organisationsgrad zeigte.

Der Konflikt mit der Natur nahm je nach den Bedingungen der verschiedenen vom Menschen bewohnten Regionen verschiedene Formen an. Ihr Ergebnis bestand darin, die Natur dem Nutzen und Nutzen der Menschheit zu unterwerfen, und die Methoden in den tropischen Gegenden des ursprünglichen Menschen bestanden in der Reduzierung von Tieren auf den häuslichen Zustand und einer ähnlichen Domestizierung von Nahrungspflanzen. Mit anderen Worten, eines seiner frühen Stadien war die Entwicklung der Viehhaltung, während ein weitaus wichtigeres das Aufkommen der Agrarindustrie war. In Europa kam ein dritter und noch stärkerer Einfluss hinzu, nämlich der Konflikt mit der Kälte und die allmähliche Anpassung des Menschen an die Bedingungen eines kalten Klimas.

Wenn die nomadischen Zwerge die Ureinwohner waren, müssen sich alle späteren Rassen aus ihnen entwickelt haben. Während die Pygmäen im Wald blieben und ihre ursprünglichen Gewohnheiten beibehielten, stellten sie ein Beispiel einer gestoppten Evolution dar. Damit eine neue Entwicklung beginnen konnte, war es notwendig, den alten Ort und damit die alten Gewohnheiten aufzugeben, und damit begannen sie wahrscheinlich erst in ferner Zeit. Als die Erde tatsächlich ihr Herrschaftsgebiet war, gab es keinen Grund dafür, dass sie auf eine Waldresidenz beschränkt blieben, wie dies der

Fall war, seit die größeren Rassen das offene Land in Besitz genommen hatten. Wir müssen nicht weit in den Osten zurückgehen, um festzustellen, dass die Pygmäenrasse die Philippinen und andere Inseln sowie wahrscheinlich Malakka und Teile von Hindustan vollständig unter ihrer Kontrolle hat . Ihre derzeitige Einschränkung und teilweise Ausrottung ist auf die Einfälle der kriegerischen Malaysier zurückzuführen. Die Andaman Mincopies blieben bis vor kurzem ungestört und erweiterten ihre Jagdbeschäftigungen um die Fischerei. Und die Kanus, die diese Inselbewohner jetzt besitzen, waren wahrscheinlich die Erfindung ihrer Rasse und stellten die Mittel dar, mit denen sich die Ureinwohner von Insel zu Insel dieser dicht bewachsenen Meere ausbreiteten.

In Afrika finden sich die einzigen Hinweise auf eine Abwanderung der Waldbevölkerung ins offene Land bei den Buschmännern und Hottentotten im äußersten Süden. Die ersteren, die auf die Wüste beschränkt sind, bleiben nomadische Jäger und machen keinen Fortschritt über die Akka und andere Äquatorstämme hinaus. Die Hottentotten hingegen haben einen wichtigen Schritt vorwärts gemacht. Während sie immer noch Nomaden und der Jagd verfallen sind, haben sie Rinder und Schafe domestiziert und sind im Wesentlichen ein Hirtenvolk geworden, wenn auch geistig die niedrigste Hirtenrasse auf der Erde.

Durch diese Änderung der Gewohnheiten haben die Hottentotten deutlich an Statur zugenommen. Obwohl sie immer noch mittelgroß sind, sind sie deutlich größer als ihre Buschmänner-Verwandtschaft, mit der sie in anderer Hinsicht große Ähnlichkeit haben. Diese Größenzunahme ist eine häufige Folge einer Änderung der Gewohnheiten, die eine umfassendere Nahrungsversorgung mit weniger Belastung für die Muskelorganisation bei der Nahrungsaufnahme gewährleistet ; eine Tatsache, für die es in der niederen Tierwelt viele Beispiele gibt. Das Leben der Wald- und Wüstenjäger ist von unaufhörlicher Aktivität geprägt und ihre Nahrungsversorgung ist prekär. Die Hottentotten hingegen nehmen das Leben leicht und neigen zur Trägheit, da ihre Herden sie mit wenig Anstrengung mit Nahrung in Hülle und Fülle versorgen. Sie haben genug von der urzeitlichen Abstammung bewahrt, um gern zu jagen, und während sie damit beschäftigt sind, entfalten sie die Aktivität ihrer angestammten Rasse, aber normalerweise führen sie ein müßiges, wanderndes Leben, und ihre Zunahme an Größe kann durchaus eine Folge ihrer veränderten Gewohnheiten sein .

Obwohl die Hottentotten im menschlichen Maßstab noch niedrig sind, sind sie den Buschmännern geistig eine Stufe voraus, da sie über eine weiter entwickelte soziale Organisation und überlegene Denkfähigkeiten verfügen. Letzteres wird durch ihre Mythen und Legenden angedeutet, von denen sie einen beträchtlichen Fundus haben, obwohl sie weitgehend frei von religiösen Vorstellungen sind und die Religion, die sie besitzen, größtenteils die primitive Form der Ahnenverehrung annimmt. Unter dem Einfluss der Europäer geben sie nach und nach ihre alten Gewohnheiten auf und übernehmen die des zivilisierten Lebens, aber obwohl sich die sozialen und industriellen Bedingungen verbessern, gibt es kaum Anzeichen für einen intellektuellen Fortschritt.

Die von den Hottentotten gezeigte Entwicklung der Nahrungsbeschaffungsmethoden war in Wirklichkeit nur die Vollendung des alten Kampfes um die Vorherrschaft mit dem tierischen Wirt. Es bestand darin, einige der sanftmütigen Pflanzenfresser stärker der menschlichen Herrschaft zu unterwerfen. Der Jäger hat es mit feindlichen Tieren zu tun, die Opfer, aber keine Diener des Menschen sind. Der Hirte hat einige dieser Tiere in die Knechtschaft gezwungen und muss sie nicht länger durch die mühsame Arbeit der Jagd besiegen. Er ist, wie gesagt, in der Lage, mit weniger Anstrengung mehr Nahrung zu beschaffen, eine größere Bevölkerung kann in einem begrenzten Bezirk leben, und die wohltuenden Auswirkungen eines engeren sozialen Verkehrs auf den Geist werden gezeigt.

Das wichtigste Ereignis in dieser Evolutionsstufe war jedoch die Unterwerfung der Pflanzenwelt unter den Menschen. Daran wurde jahrhundertelang nicht gedacht. Früchte und andere pflanzliche Produkte gehörten zur menschlichen Ernährung; Aber es handelte sich hierbei um das Wachstum der wilden Natur, und die Pflanzenwelt wurde ihrem eigenen Willen überlassen, ohne dass man sich bemühte, sie unter die Kontrolle des Menschen zu bringen. Nichts deutet darauf hin, dass einem Pygmäen jemals die Idee der Landwirtschaft in den Sinn gekommen wäre. Von den Pflanzen, die ihn umgaben, waren die weitaus meisten für die Nahrungsaufnahme unbrauchbar, nur die wenigen waren verfügbar; Aber der Gedanke, die Wenigen auf Kosten der Vielen zu bevorzugen, kam ihm offenbar nie in den Sinn. Es gibt zwar eine gewisse grobe und einfache Landwirtschaft, die von einigen Negritos von Luzon betrieben wird, aber offensichtlich als Nachahmung der malaiischen Landwirtschaft oder als Ergebnis direkter Lehren, schon gar nicht als originelle Konzeption. Der Konflikt der Pygmäen mit der Natur beschränkte sich auf die Tierwelt und erreichte seinen Höhepunkt in der Viehzucht der Hottentotten.

Wo und wann die Unterwerfung der Pflanzenwelt begann, lässt sich nicht sagen. Es hat seinen Ursprung sehr wahrscheinlich in den fruchtbaren offenen Gebieten der Tropen. Aber ob es seinen Ursprung in der Zentralregion Afrikas hat oder dass die Landwirte dieser Region einheimischer Herkunft waren, ist fraglich. Möglicherweise breitete sich das Waldvolk ins offene Land aus, entwickelte dort eine primitive Landwirtschaft, begünstigte das Wachstum von Nahrungspflanzen auf Kosten nutzloser Sträucher und Bäume und entwickelte sich allmählich zu dieser neuen Form der Industrie. Dies würde der Meinung Virchows entsprechen, der den Neger als Nachkommen des Pygmäen betrachtet. Es bedurfte keiner großen Veränderung, um das eine in das andere umzuwandeln. Der Pygmäe ähnelt in seinem Gesicht und seiner Körperform einem Neger. Er unterscheidet sich in Größe, Gesichtsfarbe und Kopfform. Aber neue Bedingungen könnten zu diesen Unterschieden geführt haben. Die heftige Sonneneinstrahlung im afrikanischen Tiefland könnte durchaus zu einer verstärkten Pigmentablagerung geführt haben, die den gelblichen Farbton des Pygmäen in das tiefe Schwarz des Negers verwandelte. Eine Größenzunahme ist eine natürliche Folge, wenn die Anstrengung nachlässt und die Nahrung zunimmt. Und bei den Buschmännern zeigt sich die Tendenz, dass sich der Kopf von der kurzen zur langen Form verändert.

Andererseits vertreten bestimmte Anthropologen, von denen wir Quatrefages nennen können, eine gegenteilige Ansicht und glauben, dass die Neger aus Asien oder den östlichen Inseln nach Afrika einwanderten und, wie die negerähnlichen Papua, Nachkommen der Zobel- oder Dunklen waren braune Negritos des Ostens. In diesem Fall könnte die Landwirtschaft ihren Ursprung in Asien haben und von Migranten nach Afrika gebracht worden sein. Alles, was wir historisch darüber wissen, ist, dass die frühesten nachweisbaren Sitze der Landwirtschaft die fruchtbaren Täler Indiens, Babyloniens und Ägyptens gewesen zu sein scheinen. Aber die bekannte Kultur der Erde in diesen Regionen reicht nur wenige tausend Jahre zurück, während wir für die ersten Rohstadien der Landwirtschaft die Jahre wahrscheinlich in Zehntausenden messen müssen.

Der Grad der Unterwerfung der Natur unter die Bedürfnisse des Menschen, wie er in der tropischen Landwirtschaft zum Ausdruck kam, war vergleichsweise gering, und ihre Auswirkungen auf die Entwicklung des menschlichen Intellekts waren zwar wichtig, aber begrenzt. Es hatte das überaus nützliche Ergebnis einer starken Bevölkerungszunahme, des Wachstums des Dorf- und Stadtlebens, eines Fortschritts in den sozialen Beziehungen und des Beginns politischer Beziehungen. Neue Geräte wurden benötigt, bessere Häuser wurden gebaut, die sesshafte Lage der Menschen führte zu direkten Bemühungen um Bildung und fügte den Industrien der Menschheit das wichtige Element des Handels in seiner frühesten Form hinzu . Das Ergebnis muss ein Neuanfang in der Entwicklung des Intellekts gewesen sein, der jedoch wahrscheinlich bald in den zentralen Tropen seinen Höhepunkt erreichte.

Die höchsten Ergebnisse der Entwicklung der Landwirtschaft in tropischen Ländern, ohne Unterstützung durch sekundäre Einflüsse, scheinen diejenigen gewesen zu sein, die zu Beginn der historischen Periode in den hochfruchtbaren Regionen Ägyptens und Babyloniens erzielt wurden. Die Bevölkerungsdichte dieser Länder führte aufgrund ihrer reichhaltigen Nahrungsmittelproduktion zu erheblich entwickelten politischen und sozialen Institutionen und legte den Grundstein für einen großen späteren Fortschritt unter dem Einfluss von Krieg, Invasion und anderen wirksameren Ursachen des menschlichen Fortschritts. Nur aufgrund solcher Hintergedanken würden die Landwirte dieser Länder heute möglicherweise auf dem Stadium des geistigen Fortschritts verharren, den sie vor zehntausend Jahren erreicht hatten.

Wenn man die gegenwärtigen Bedingungen der Waldnomaden und der afrikanischen Landwirte betrachtet, ist es nicht sicher, ihnen den Ursprung aller Künste und Geräte zuzuschreiben, die sie besitzen. Die Neger zum Beispiel standen seit Jahrhunderten in mehr oder weniger enger Verbindung mit den Pygmäen und haben ihnen möglicherweise viele Dinge beigebracht, die sie mit ihren eigenen begrenzten Denkfähigkeiten nicht erreicht hätten. Der Bogen und der vergiftete Pfeil sind höchstwahrscheinlich original dabei. Sie besitzen diese Waffe im gesamten Verbreitungsgebiet von den afrikanischen Hottentotten bis zu den philippinischen Negritos, während sie keine Waffe der umliegenden Völker ist. Der Speer ist wahrscheinlich auch original. Das Gleiche gilt nicht mit Sicherheit für ihre Fallen und Fallen für das Wild. Diese scheinen außerhalb ihrer Erfindungskraft zu liegen und wurden ihnen möglicherweise von den Negerstämmen beigebracht. Ihre Behausungen, abgesehen von den bloßen Laubunterständen, hatten wahrscheinlich einen ähnlichen Ursprung. In Afrika hatten die Hütten zweifellos ihr Vorbild in denen der Neger. Auf den Philippinen handelt es sich um pfahlgestützte Bambushütten nach dem Vorbild der Malaysier. Wenn wir also von den Waldbewohnern die Künste übernehmen, die sie ihnen beigebracht oder nachgeahmt haben, reduzieren wir sie auf ein sehr niedriges Niveau des Intellekts und auf einen bemerkenswerten Mangel an Produkten aus ihrer eigenen Denkkraft.

Ähnliche Überlegungen lassen sich auf die sesshaften Ureinwohner Afrikas anwenden. Seit Tausenden von Jahren stehen sie an ihren nördlichen Grenzen in Kontakt mit zivilisierten Völkern, zahlreiche Einwanderer sind in das Land eingedrungen, und es hat sehr wahrscheinlich ein erhebliches Maß an Verschmelzung stattgefunden. Wir können ihnen daher weder alle Künste und Werkzeuge, die sie besitzen, noch all ihren politischen und sozialen Fortschritt zuschreiben. Zweifellos kam ihnen viel von außen, vieles wurde ihnen von innen beigebracht, und eine Blutmischung mit überlegenen Rassen dürfte erheblich zur Verbesserung ihres Bestandes beigetragen haben. Wir sind daher berechtigt, sowohl bei ihnen als auch bei den Pygmäen anzunehmen, dass ihr geistiger und sozialer Entwicklungsstand nur zum Teil bei ihnen ursprünglich war und größtenteils auf den Einfluss von Bildung und Verschmelzung zurückzuführen ist.

Der reine Neger ist kein sehr zahlreiches Element der Bevölkerung Afrikas. Er steht in gewisser Weise zwischen den nomadischen Pygmäen des Waldes und der Wüste und den Mischrassen, die zwar als Neger bezeichnet werden können , aber streng genommen nicht als Neger bezeichnet werden können. Die meisten von ihnen haben mit ihrem ausländischen Blut fremde Künste und Elemente der Kultur erworben und stehen auf einem deutlich höheren körperlichen und geistigen Niveau als der reine Neger.

Für den reinen oder nahezu reinen Neger müssen wir das Tiefland der Küste Guineas aufsuchen, den Sitz des am stärksten ausgeprägten existierenden Negertyps. Weitere Fundorte liegen in der Region des Gabuns , am unteren Sambesi und im Benue- und Shari-Becken. Hier finden wir den echten einheimischen Afrikaner, eine Rasse, die in ihrem Aussehen auffallend einheitlich ist und neben den Pygmäen die niedrigste körperliche Eigenschaft der Menschheit aufweist. Die Strukturmerkmale, in denen der Neger eine Position zwischen dem weißen Mann und dem Menschenaffen einzunehmen scheint – tiefer als ersterer und näher an letzterem –, sind die folgenden: Erstens seine ungewöhnliche Armlänge, die durchschnittlich etwa fünf Zentimeter beträgt länger als der des Kaukasiers und reicht in der aufrechten Position manchmal bis zur Kniekehle, wobei er im Verhältnis kaum kürzer ist als der des Schimpansen. Zweitens seine Prognathie oder Projektion der Kiefer – sein Gesichtswinkel beträgt etwa 70 im Vergleich zum Kaukasier 82. Drittens sein Gehirngewicht – durchschnittliches europäisches Gewicht 45 Unzen, Neger 35, größter Gorilla 20. Viertens sein Kleingewicht , flache Stupsnase, am Ansatz tief eingedrückt, am Ende breit und mit erweiterten Nasenlöchern. Fünftens seine dicken, hervorstehenden Lippen. Sechstens seine hohen und hervorstehenden Wangenknochen. Siebtens, sein großer Schädel, der Schlägen standhält, die einem durchschnittlichen Europäer den Schädel brechen würden. Achtens, die Schwäche seiner unteren Gliedmaßen, des breiten, flachen Fußes und des niedrigen Spanns, der hervorstehenden Ferse und der etwas greifbaren großen Zehe.

Diese Eigenschaften haben die Neger mit den Pygmäen und Negritos gemeinsam. Andere von geringerer Bedeutung könnten genannt werden. Ein wichtiges Merkmal sind die Schädelnähte, die sich beim Neger viel früher schließen als bei höheren Rassen und so die Entwicklung des Gehirns hemmen, während der Körper noch wächst. Viele führen dies auf die geistige Unterlegenheit der Negerrasse zurück. Ein aufmerksamer Beobachter berichtet als Ergebnis einer langen Beobachtung auf den Plantagen im Süden der Vereinigten Staaten, dass „die Negerkinder scharfsinnig, intelligent und voller Lebhaftigkeit waren, aber als sie sich dem Erwachsenenalter näherten, setzte eine allmähliche Veränderung ein. Der Intellekt schien sich trüben, die Lebhaftigkeit weicht einer Art Lethargie, die Lebhaftigkeit weicht der Trägheit. Dies ist sehr wahrscheinlich bei den Pygmäen der Fall, die ebenfalls an eine geistige Grenze stoßen, über die sie nicht hinauskommen können; Diese Grenze wird jedoch im Erwachsenenalter festgelegt. Mit anderen

Worten: Der erwachsene Pygmäe befindet sich auf der geistigen Ebene des Negerkindes. Wenn der afrikanische Pygmäe genauso kurzlebig ist wie sein östlicher Verwandter, überlebt er in der Regel nicht viele Jahre über das Jugendalter hinaus und verharrt, geistig betrachtet, bis zum Tod in einem Stadium der Kindheit.

Die Schlussfolgerung, die sich aus dieser interessanten Tatsache ableiten lässt, scheint zu sein, dass der Neger einen deutlichen und wichtigen geistigen Fortschritt gemacht hat, der über den Pygmäen hinausgeht, und dass er im Jugendalter die Grenze der geistigen Entwicklung erreicht hat, die der Pygmäe beim Tod erreicht. Aber der Neger hört hier auf oder geht kaum über diese Grenze hinaus. Seine Schädelnähte schließen sich, das Wachstum des Gehirns wird gestoppt und die Entwicklung seines Geistes kommt zum Stillstand. Beim Weißen dehnt sich das Gehirn weiter aus und der Verschluss der Nähte erfolgt später im Leben. Letzteres ist wahrscheinlich eine Folge des ersteren, da die geistige Entwicklung die Tendenz der Nähte, sich im frühen Leben zu schließen, überwunden hat. Über den Neger lässt sich weiter sagen, dass er mental weitaus emotionaler als intellektuell und eher unmoralisch als unmoralisch ist, da er offenbar nicht in der Lage ist, die moralischen Vorstellungen eines fortgeschrittenen Menschen zu begreifen.

Wenn wir die malaysische und australasiatische Region der östlichen Meere aufsuchen, finden wir dort einen anderen Zweig der Negerrasse, der ebenfalls mit einem Pygmäenstamm in Kontakt steht und offenbar von diesem abstammt. Diese papuanische Rasse der Schwarzen erstreckt sich über eine weite Inselregion, hat sich aber wie die afrikanische Rasse durch die Vermischung mit fremden Völkern, die größtenteils malaiischen Ursprungs sind, stark verändert. Sein reinster Typ ist in Neuguinea zu finden, wo er im allgemeinen Charakter dem Neger ähnelt, allerdings mit eigenen Besonderheiten.

Der Papua ist mittelgroß; eher fleischig als muskulös; färbe ein rußiges Braun; Stirn hoch, aber schmal und zurückweichend; Nase manchmal flach und breit an den Nasenlöchern, aber häufiger hakenförmig mit abgesenkter Spitze; Lippen dick und hervorstehend; hohe Wangenknochen; allgemeiner Prognathismus; Haare schwarz und kraus. Er sieht negroid aus und soll dem Afrikaner der Küstenregion gegenüber von Aden ähneln.

Wir brauchen dieses Thema nicht weiter zu verfolgen. Es wird genügen, die allgemeine Schlussfolgerung zu ziehen, dass die Negerrasse , obwohl sie durch die Änderung ihrer Gewohnheiten vom Jagd- zum Ackerbaustatus sowohl geistig als auch körperlich einen Fortschritt gegenüber den Pygmäen-Ureinwohnern gemacht hat, offenbar keine großen Fortschritte gemacht hat In beiden Fällen erreicht der Neger eine geistige Grenze auf einem niedrigen

Niveau und wird körperlich verhaftet, obwohl er immer noch ausgeprägte Merkmale des Menschenaffen besitzt.

Für die höhere Entwicklung des Menschen müssen wir unter dem Druck eines energischeren Konflikts mit den Bedingungen der Natur den Kontinent Europa suchen, dessen menschliche Bewohner nicht nur die wilden Tiere unterwerfen und der Erde beibringen mussten, gesunde Nahrung hervorzubringen Ort nutzloser Pflanzen, sondern auch zur Bekämpfung des winterlichen Klimas und zur Überwindung der schädlichen Einflüsse von Kälte, Sterilität des Bodens und anderen feindlichen Bedingungen der nördlichen Zonen.

Eines der Hauptprobleme der Biologie ist seit langem die Entstehung neuer Tierarten und -arten als Folge allmählicher Strukturveränderungen. Es wird angenommen, dass dies normalerweise auf Veränderungen in den Bedingungen der Natur zurückzuführen ist, wobei Tiere und Pflanzen, die entsprechende Veränderungen in der Struktur vorgenommen haben, erhalten bleiben, während diejenigen, die sich nicht entsprechend den neuen Bedingungen verändert haben, sterben. Wo die natürlichen Bedingungen einheitlich bleiben, können Arten über lange Zeiträume hinweg unverändert bestehen bleiben, obwohl selbst im letzteren Fall leicht Veränderungen in der Struktur auftreten können, da die Variation der Arten nicht ausschließlich von äußeren Veränderungen abhängt. Sie ist zu einem beträchtlichen Teil auf Ursachen zurückzuführen, die innerhalb des Organismus selbst existieren, wobei gelegentlich zufällige Variationen bestehen bleiben, wenn sie nicht im Widerspruch zu den in der Außenwelt vorherrschenden Zuständen stehen. Oder es kann zu Variationen durch die Etablierung neuer Beziehungen zwischen den an einem bestimmten Ort lebenden Arten kommen, während die unbelebte Natur einheitlich bleibt, oder durch Migration in neue unbelebte oder belebte Umgebungen. Kurz gesagt, Variationen können unter dem Einfluss jeder Veränderung in der allgemeinen Umgebung entstehen, die Anpassungsänderungen in der Struktur erforderlich macht. In einigen Fällen findet diese Anpassung jedoch im Kopf statt, wobei neue Maßnahmen oder Methoden zur Bewältigung der Eventualität übernommen werden, die physische Veränderungen unnötig machen. Das Problem ist äußerst kompliziert, und zweifellos hängen viele Ursachen mit der Vielfalt der Auswirkungen zusammmen.

Es ist sehr wahrscheinlich, dass es viele Fälle gab, in denen Strukturveränderungen aufgrund plötzlicher Veränderungen der natürlichen Bedingungen schnell stattfanden. Solch schnelle Veränderungen der Bedingungen stellen zwangsläufig eine starke Belastung oder Belastung für Organismen dar, die entweder zu ihrer Zerstörung führen oder eine ebenso schnelle körperliche oder geistige Anpassung bewirken. In solchen Fällen ist es wahrscheinlich, dass viele Arten sterben, da die geforderte Veränderung zu groß ist; andere fliehen durch Migration in besser ausgestattete Gegenden; und andere, die mobiler oder weniger von der Veränderung betroffen sind, überleben durch adaptive Variationen.

Von solchen Belastungsperioden für die organische Natur kennen wir nur eine aus jüngster geologischer Zeit, die sogenannte Eiszeit, die große Klimaveränderung, die stattfand, als das Eis des hohen Nordens in mächtigen Wellen über Nordeuropa und Amerika herabfloss , alles unter seinem erdrückenden Gewicht begraben und vielen Formen des Lebens ein plötzliches und vorzeitiges Ende bereiten. Zweifellos starben vor dieser schrecklichen Invasion zahlreiche Tier- und Pflanzenarten. Ein bemerkenswertes Beispiel hierfür war vielleicht das amerikanische Pferd, das etwa zu dieser Zeit verschwand. Andere Arten überlebten, indem sie sich in tropischere Regionen zurückzogen und zurückkehrten, nachdem die Invasion ihre Kraft verbraucht hatte. Wieder andere haben möglicherweise überlebt, indem sie sich an die veränderten Bedingungen angepasst haben und als neue Arten oder deutlich ausgeprägte Sorten entstanden sind.

Zu den Lebewesen, die diesen außergewöhnlichen Klimawechsel unbeschadet überstanden haben, gehörte offenbar auch der Mensch. Und man kann mit Sicherheit behaupten, dass der Kampf des Menschen mit den eisigen Bedingungen, deren Kraft auf seinen Geist statt auf seinen Körper ausgeübt wurde, einer der stärksten Einflüsse in der Entwicklung der Menschheit war . Der Mensch nahm am Wettbewerb auf einem niedrigen geistigen Entwicklungsniveau teil; er ging daraus auf vergleichsweise hohem Niveau hervor.

Niemand bezweifelt heute, dass der Mensch während der Eiszeit ein Bewohner Europas war. Die Beweise dafür sind zu zahlreich und positiv, als dass sie angezweifelt werden könnten. Es könnte sein, dass er im gleichen Zeitraum in Amerika gelebt hat, es bestehen jedoch immer noch Zweifel daran. Es gibt Behauptungen, dass in Europa schon lange vor der Eiszeit Beweise für den Menschen entdeckt wurden, die bis ins Pliozän und sogar ins Miozän zurückreichen. Diese Behauptungen sind jedoch nicht zweifelsfrei belegt, und die frühesten allgemein anerkannten Spuren des Menschen beschränken sich auf das eiszeitliche Europa.

Dennoch müssen wir anerkennen, dass, wenn der Mensch während der Eiszeit in Europa existierte, er oder sein Vorfahre schon vor dieser Zeit dort gewesen sein muss. Es ist absolut sicher, dass kein an tropische Bedingungen gewöhntes Tier diese Zeit extremer Kälte gewählt hätte, um von den warmen Tropen in den eisigen Norden zu wandern. Die Tatsache, dass sich der Mensch während der Eiszeit in Europa aufhielt, ist der stärkste Beweis dafür, dass er während der milderen Vorperiode dorthin gelangte, als man annimmt, dass in ganz Süd- und Mitteleuropa ein angenehmes und gleichmäßiges

Klima vorherrschte. Wenn wir die scheinbar sehr alten Beweise für die menschliche Handarbeit als Tatsache akzeptieren könnten, müssten wir ihn als einen Bewohner Europas lange Zeit vor der Eiszeit betrachten.

Wenn, wie es Grund zu der Annahme gibt, der Mann Afrikas in dieser fernen Zeit der Vorfahre der waldbewohnenden Pygmäen von heute war, geistig niedriger und bestialischer im Aussehen als alle seine Nachkommen, aber dennoch weit fortgeschritten Wenn wir über einen Geist verfügen, der über den Affenmenschen früherer Zeitalter hinausgeht, können wir dies mit einiger Sicherheit als den Typus des Urmenschen Europas annehmen. Er könnte dorthin über die Landbrücken gelangt sein, von denen man annimmt, dass sie damals Europa und Afrika verbanden. Eine davon schloss die Meerenge bei Gibraltar, die andere erstreckte sich von Italien nach Süden über Sizilien. Dies waren die Wege, über die die Affen nach Europa gelangten und denen der Mensch in einem späteren Zeitalter möglicherweise gefolgt ist. Es ist tatsächlich möglich, dass der Mensch den nördlichen Kontinent von einem anderen Ort aus erreichte, dem Lebensraum der Negrito-Rasse in Südostasien und den malaysischen Inseln. Der fossile Menschenaffe von Java, Pithecanthropus, ist ein starkes Argument dafür, dass dies die Region oder eine der Regionen war, in der die Entwicklung des Menschen stattfand. Wie dem auch sei, wir können sicher sein, dass der Urmensch sein Betätigungsfeld weitaus eher durch Migration erweiterte als jedes andere Tier, und wir können vermuten, dass er sich in der milden Voreiszeit über Europa und Asien ausbreitete und vielleicht sogar Amerika erreichte. wodurch der frühe Mensch dieser Hemisphäre entstand.

Der Ankunft des Menschen in Europa folgte wahrscheinlich keine nennenswerte intellektuelle Entwicklung. Das milde und ausgeglichene Klima, das zu dieser Zeit offenbar vorherrschte, dürfte seine geistigen Ressourcen nicht allzu stark beanspruchen. Nahrung war höchstwahrscheinlich reichlich vorhanden und leicht zu beschaffen, es gab reichlich Tiere der Jagd und essbare Wurzeln und Früchte mangelten keineswegs. So konnte er mit Hilfe der von ihm in den Tropenwäldern eingesetzten Künste und Waffen leicht seinen Lebensunterhalt bestreiten. Es ist nicht unwahrscheinlich, dass einige körperliche und geistige Veränderungen stattgefunden haben, aber diese waren wahrscheinlich nicht großartig. Möglicherweise gab es eine gewisse Veränderung in Farbe und Form, einen ersten Schritt hin zu den Unterscheidungen, die den Weißen vom Schwarzen trennen, und eine gewisse geistige Anpassung an bestimmte Erfordernisse der neuen Situation; aber in keiner Richtung dürften die Abweichungen sehr entschieden sein.

So wie wir es uns vorstellen, war der Mensch des frühen Europas in hohem Maße ein Gegenstück zu den Waldnomaden der Tropen Afrikas und des Ostens, der Monarch des Tierreichs, aber nicht der Herr der Erde.

Möglicherweise hat er im Kampf mit der unbelebten Natur einige Fortschritte gemacht. In seinem neuen Zuhause gab es weniger pflanzliche Nahrung als in seinem alten, und der Anreiz, sich landwirtschaftlich zu betätigen, war stärker. Und obwohl Europa dicht bewaldet war, bot es wahrscheinlich mehr offenes Land als Afrika. Sowohl der Anreiz zur Landwirtschaft als auch die Möglichkeiten zu ihrer Ausübung waren aller Wahrscheinlichkeit nach größer als in Afrika, und der Mensch hat hier möglicherweise früher mit der Bewirtschaftung der Erde begonnen als in seinem Heimatreich. Es steht uns zumindest frei, zu spekulieren, dass der europäische Mensch in der Voreiszeit ein gewisses Wissen über die Landwirtschaft erlangte, aber das ist zweifelhaft, und die Relikte des frühen Menschen liefern keinen Beweis dafür. Geistig ist es fraglich, ob er über das Niveau der am wenigsten entwickelten Negerstämme und vielleicht nicht über das der Waldpygmäen hinaus fortgeschritten war.

Doch schließlich begann sich der Schatten einer gewaltigen bevorstehenden Veränderung auf das schöne Antlitz Europas zu legen. Von Jahr zu Jahr wurden die Winter kälter. Der Eisschild, der noch rechtzeitig halb Europa unter seinem kühlen Mantel begraben hatte, hatte seine langsame Bewegung in Richtung Süden begonnen. Es ging sehr langsam voran. Während seines gezielten Vormarsches vergingen Jahrhunderte. Hätte es sich schnell bewegt, hätten nur wenige Tiere seine Auswirkungen überleben können. Einige von ihnen fanden Zeit für Strukturveränderungen, um sich an die neuen Bedingungen anzupassen. Andere starben, als die winterliche Kälte zunahm. Da sie für tropische Wärme konzipiert waren, konnten sie strenge Kälte nicht ertragen. Die Menschenaffen und Affen dürften zu den ersten Opfern gehört haben. Heute sind die Affen von Gibraltar die einzigen, die in Europa in freier Wildbahn leben, und es ist zweifelhaft, ob es sich bei ihnen um einen ursprünglichen Bestand handelt. Es gibt gute Gründe zu der Annahme, dass die Flucht nach Süden durch den Untergang der alten Landbrücken unterbrochen wurde, so dass die Tiere nördlich des Mittelmeers keine Wahl zwischen Anpassung und Vernichtung hatten.

Unter den Tieren, die so von der Eiseskälte gefangen genommen wurden, befand sich auch der europäische Mensch. Er konnte nicht entkommen und war gezwungen zu bleiben. Er hatte die Wahl, entweder an Kälte und Hunger zu sterben oder sich an die neuen Bedingungen zu gewöhnen, die auf seine nördliche Heimat zukamen, vielleicht die schädlichsten für das Leben von Tieren, die es je gegeben hatte . Der Mensch stand vor einer außergewöhnlichen Belastung, der er nur durch eine außergewöhnliche Anpassung begegnen konnte.

Die Veränderungen, durch die er diesen neuen Bedingungen begegnete, waren in sehr geringem Maße physischer Natur; sie waren fast ausschließlich geistig. Bei allen Tieren höherer Ordnungen können Anpassungsvariationen in einem gewissen Maße diesem Charakter unterliegen, wobei der Körper durch eine neue Aktivität des Geistes von der Notwendigkeit struktureller Veränderungen befreit wird. Beim Menschen war dies zweifellos in großem, wahrscheinlich sogar sehr großem Maße der Fall. Möglicherweise gab es eine Zunahme der Größe und Stärke, einige Variationen in der Farbe, in den Atmungsorganen, in der Widerstandsfähigkeit der Nagelhaut gegenüber Kälte usw., aber die hauptsächliche körperliche Veränderung bestand in einem Wachstum des Gehirns und einer Ausdehnung des Gehirns Schädel, was zu einer weniger bestialischen Physiognomie und einer fortgeschrittenen geistigen Kraft führt.

Eine körperliche Veränderung, die notwendig erscheinen würde, damit ein Tier schwere Kälte ertragen kann, nämlich die Entwicklung einer dicken Schutzhülle aus Fell oder Haar, fand beim Menschen nicht statt. Die Veränderung erfolgte eher in die andere Richtung, da die haarige Decke, die viele Waldbewohner besitzen, verschwunden ist. Dieser Haarausfall beim Menschen wurde von Darwin auf die sexuelle Selektion zurückgeführt, jenen mächtigen Einfluss, dem Tiere scheinbar so viele physische Strukturen zu verdanken haben, die offensichtlich keinen Nutzen haben und von denen einige scheinbar nachteilig sind. Im Fall des Menschen unter den hier betrachteten Umständen, der ohne natürliche Deckung der wachsenden Kälte des fortschreitenden Eisschildes ausgesetzt wäre, hätte der Einfluss der sexuellen Selektion sicherlich eine starke Gegenkraft in der natürlichen Selektion gefunden, wenn es nicht andere Möglichkeiten gegeben hätte, ihm zu entkommen Der Einfluss der Kälte wurde festgestellt.

Ohne Zweifel wurde die Schwierigkeit durch die Einführung künstlicher Kleidung weitgehend überwunden . Der Geist kam dem Körper zu Hilfe. Der Mann, der einen Stein in die Form einer Axt oder Speerspitze hauen konnte, war geistig weit genug fortgeschritten, um auf die Idee zu kommen, seinen Körper mit auf irgendeine Weise zusammengebundenen Blättern, mit anderen pflanzlichen Stoffen oder mit den Häuten getöteter Tiere zu bedecken. Schutz vor der Kälte suchte man auch in Höhlen und Felsunterständen, und der Mensch blieb sehr lange Zeit ein Höhlenbewohner. Es gibt kaum eine Höhle in Westeuropa, in der er nicht Spuren seines Wohnsitzes hinterlassen hat. Wo keine Höhlen vorhanden waren, wurden wahrscheinlich primitive künstliche Unterstände gebaut. Sogar der Orang baut einen Unterschlupf dieser Art, und wir können uns gut vorstellen, dass der Mensch sich schon sehr früh einen Unterschlupf aus Blättern und Zweigen baute, aus dem er bei zunehmender Kälte leicht eine Hütte aus einem Holzgerüst bauen konnte bedeckt mit Häuten, wie er sie für seine Kleidung verwendete.

Wann und wo die wichtigste Entdeckung, die des Feuers, gemacht wurde, lässt sich nicht sagen. Feuer, das aus natürlichen Ursachen entsteht, wie zum

Beispiel durch Blitze verursachte Feuersbrünste, lehrte den Menschen zweifellos schon früh die Vorteile dieser Wirkung als Schutz vor Kälte, aber die künstliche Erzeugung von Feuer war ein zu komplizierter Prozess, als dass er von unentwickelten Menschen außer als Mittel zur Erzielung von Fähigkeiten genutzt werden könnte Folge eines Unfalls. Wie wir gesehen haben, ist dies den Andaman Mincopies nie gelungen . Die Grundlagen der Feuermacherkunst besaßen schon die Urmenschen. Beim Hacken von Feuersteinen in Pfeil- oder Lanzenspitzen müssen häufig Funken aus dem harten Stein geschlagen worden sein, und manchmal sind diese auf brennbares Material gefallen und haben es entzündet. Das beim Formen und Polieren von Kriegskeulen erforderliche Reiben könnte zu einer Hitze geführt haben, die gelegentlich einen Brand verursachte. Beim Bohren der Löcher, die für die Herstellung der Nadeln notwendig waren, die man bei primitiven Geräten findet, muss ein Verfahren angewendet worden sein, das dem des Feuerbohrers ähnelt. Kurz gesagt, es ist nicht schwer, sich mehr als einen Weg vorzustellen, auf dem die Kunst des Feuermachens durch Zufall hätte erlangt werden können, auch wenn dies möglicherweise zu spät kam, da einige, vielleicht alle der beschriebenen Künste nicht erlangt wurden bis zur Eiszeit. Einmal besessen, wäre diese wichtige Kunst kaum zu verschwinden gewesen. Mit ihrer Hilfe konnte der Mensch den Auswirkungen der eisigen Kälte trotzen, soweit es ihre direkte Wirkung auf seinen Körper betraf; und damit erlangte er auch ein neues und wirksames Mittel zur Verteidigung gegen fleischfressende Tiere, die seitdem Feuer mehr fürchten als Waffen.

Der Entdeckung von Methoden zur künstlichen Feuererzeugung ging möglicherweise die Nutzung der durch Blitze und andere natürliche Ursachen verursachten Flammen voraus, wobei das Feuer mit Fackeln von Feuerstelle zu Feuerstelle transportiert und mit größter Sorgfalt am Leben gehalten wurde. Sogar nach der Erfindung künstlicher Methoden zur Feuerherstellung waren unsere wilden Vorfahren außerordentlich darauf bedacht, ihre Feuer am Leben zu erhalten, so wie es die Mincopies heute tun, und diese aufmerksame Aufmerksamkeit hinterließ bis in die jüngste Zeit ihre Spuren. Der Apparat zum Entzünden einer Flamme war so wichtig, dass man in Indien den Feuerwirbel zu einem Gott machte und zu einer der Hauptgottheiten dieses polytheistischen Landes wurde. An vielen anderen Orten, insbesondere in Persien, wurde das Element Flamme zur Würde einer Gottheit erhoben und unter den höheren Göttern verehrt. Unter den halbzivilisierten Amerikanern löste die Gefahr eines Brandes eine ernsthafte religiöse Zeremonie aus. In bestimmten festgelegten Abständen wurden alle Feuer innerhalb der Grenzen eines Stammes oder einer Nation gelöscht, und es folgte eine Zeit der Düsterkeit, Verzweiflung und Furcht vor den bösartigen Mächten. Dann wurde das „neue Feuer" auf dem Altar des Tempels entzündet und die Flamme durch schnelle Boten von Herd zu Herd im ganzen Land getragen. Nachdem dies geschehen war, folgte auf die Zeit der Düsternis eine Zeit allgemeiner Freude und Festlichkeit. Die bösartigen Gottheiten wurden verbannt; die Götter des Lichts und der Wärme waren wieder vorherrschend; Glück und Sicherheit waren zum Menschen zurückgekehrt.

Der Beginn der Nutzung von Kleidung, künstlichen Unterkünften und Feuer bildete eine der wichtigsten Perioden in der Geschichte der menschlichen Evolution. Damit einher ging die Herstellung einer viel größeren Vielfalt an Werkzeugen als zuvor, und viele davon waren den älteren und einfacheren Formen weit überlegen. Der Kampf mit der eisigen Kälte hatte den Geist des Menschen aus seiner alten Trägheit gerissen und ihn aktiv dazu gebracht, Mittel zu entwickeln, um den Gefahren seiner Situation entgegenzuwirken und ihn an die neuen Existenzbedingungen anzupassen.

Zu den wichtigen Schritten des Fortschritts gehörte höchstwahrscheinlich ein beträchtlicher Fortschritt im Gebrauch der Sprache, der es den Männern dieser Zeit ermöglichte, sich leichter miteinander zu beraten und zu beraten, angemessen vor Gefahren zu warnen und bei der Jagd oder bei industriellen Unternehmungen zu helfen , um die Jugend zu erziehen und den Alten neue Ideen zu vermitteln oder neue Entdeckungen zu vermitteln. Die geistigen Kräfte der am besten ausgebildeten Individuen dienten damals wie heute der gesamten Gemeinschaft, und nichts Wertvolles, das einmal gewonnen wurde, würde wahrscheinlich verloren gehen. Verglichen mit dem Fortschritt in späteren Zeitaltern gingen Entdeckungen und Erfindungen in dieser frühen Periode wahrscheinlich mit unendlicher Langsamkeit voran, doch selbst dann kamen den Menschen nach und nach neue Ideen in den Sinn, und Schritt für Schritt wurden die Lebensmethoden verbessert.

Eine wichtige Auswirkung der Gletscherkälte muss berücksichtigt werden. Es musste nicht nur gegen das strenge Wetter vorgesorgt werden. Die Entdeckung des Feuers und die Erfindung von Kleidung und Wohnraum reichten nicht aus, um die Erhaltung des Menschen zu gewährleisten. Denn die schwere Kälte muss die Bedingungen der Nahrungsversorgung stark verändert haben, und für den damaligen Mann war es schwierig, sich die Grundbedürfnisse des Lebens zu besorgen. Für den gelassenen Mann früherer Zeiten, der inmitten einer Fülle von Früchten und Gemüse lebte und von zahlreichen Wildtieren umgeben war oder an Bächen wohnte, die mit leicht gefangenem Fisch gefüllt waren, war die Frage des Lebensunterhalts wahrscheinlich von untergeordneter Bedeutung. Mit dem Beginn der Eiszeit wurde diese Frage zu einer wichtigen Frage. Die Versorgung mit Früchten und pflanzlichen Stoffen wurde durch die klirrende Kälte stark eingeschränkt und die Zahl der Futtertiere entsprechend reduziert; Während des größten Teils des Jahres trieben die Auswirkungen des Frosts die Fische aus den Bächen und schnitten diese Nahrungsquelle endgültig ab. Der Mensch wurde in eine Situation gebracht, in der ihn nur der aktivste Einsatz seiner Gedankenkraft vor der Vernichtung bewahren konnte.

Die Ausübung der Jagdkunst war für ihn jetzt schwieriger als je zuvor und erforderte eine neue Entwicklung von Mut, List, Wachsamkeit und Ausdauer, da die Tierknappheit ihn dazu zwang, lange Reisen zu unternehmen und die stärksten Tiere anzugreifen. Ob er den vergifteten Pfeil besaß, den die Pygmäen heute für so wirksam halten, lässt sich nicht sagen, aber aller Wahrscheinlichkeit nach war er gezwungen, neue und zerstörerischere Waffen zu erfinden, eine Notwendigkeit, die seiner Erfindungsgabe neue Kraft gab. Soweit wir wissen, verfügte man vor dieser Zeit nicht über die Kunst, Steine in Waffen und Geräte zu zerschlagen, und dies könnte ein Ergebnis der hohen Anforderungen der Situation und der daraus resultierenden geistigen Stimulation gewesen sein. Diese Kunst besaß keiner der Pygmäen; die ihr am nächsten kommende Kunst ist das Spalten von Steinen durch Feuer und der Einsatz der Splitter als Waffen. Sehr wahrscheinlich fehlte es dem Menschen vor der Eiszeit ebenfalls an dieser Kunst.

Unter der schweren Belastung durch die eiszeitlichen Bedingungen erlagen die Schwachen und Unfähigen zweifellos der Kälte und dem Mangel an Nahrungsmitteln; Die Starken und Fähigen überlebten, erlangten überlegene Kräfte, erfanden neue Waffen und Geräte und passten sich an eine neue und ausgesprochen widrige Situation an. Nachdem der Mensch lange Zeit in erheblichem Maße von seinen physischen Kräften abhängig war, vertraute er stärker als zuvor auf seine geistigen Fähigkeiten, was zu einer viel größeren Variation in der Größe und Aktivität seines Gehirns führte als in anderen Teilen seiner physischen Struktur. Während es schwieriger geworden war, Futtertiere zu finden und zu fangen, war er gleichzeitig in größerer Gefahr durch fleischfressende Tiere, die durch teilweisen Hunger gezwungen waren, ihre Angst vor dem Menschen zu überwinden. Er war daher gezwungen, in der Verteidigung ebenso wachsam und bereit zu sein wie im Angriff, sich bei seinen Jagdausflügen und anderen Arbeiten stärker mit seinen Kameraden zu verbinden und die Formen und Kräfte der Natur noch besser an seine Bedürfnisse anzupassen. Seine Karriere als Werkzeugmacher wurde durch die Notwendigkeiten seiner Situation stark gefördert.

Es ist denkbar, dass die Kunst der Landwirtschaft eine Folge der Situation war, in der sich der Mensch jetzt befand. Der Rückgang des Nahrungsangebots muss all seine Erfindungsgaben auf die Probe gestellt haben, und der wahrscheinliche Rückgang der Anzahl und Produktivität von Nahrungspflanzen könnte als Anstoß für den Anbau nützlicher Pflanzen und die Erhaltung ihrer Produkte gedient haben möglich, zur Winterversorgung. Es ist nicht unwahrscheinlich, dass auf diese Weise und unter diesem Anreiz die Landwirtschaft begann und sich später von diesem Ort aus in südlichere Regionen ausbreitete. Dabei können wir jedoch nicht über Vermutungen hinausgehen.

Es erscheint sinnlos, dieses Thema weiter zu verfolgen, da uns das Fehlen von Fakten dazu zwingt, uns weitgehend auf Vorschläge und Wahrscheinlichkeiten zu beschränken. Wir sind zu zwei eindeutigen Hypothesen gelangt: Erstens, dass die ursprüngliche Stufe des Aufstiegs des Menschen von den Affen abgeschlossen war, als er die Herrschaft über das Tierreich erlangte und den Zustand der Waldpygmäen erreichte; Zweitens, dass er ein fortgeschrittenes Stadium erreicht hatte, als es ihm gelang, die Natur zu besiegen, soweit es um die Überwindung der äußerst widrigen Bedingungen der Eiszeit ging. Am Ende dieser Zeit der eisigen Kälte erwies sich der Mensch als ein höheres Wesen als die Waldnomaden oder die Ackerbauern der Tropen, das über weit überlegene Künste und Geräte sowie über weitaus gesteigerte geistige Kräfte verfügte. Der lange und erbitterte Kampf ums Dasein, den er durchgemacht hatte, hatte ihn im Aufstieg des Lebens auf eine viel höhere Ebene gehoben.

Er war immer noch ein Wilder, und am Ende des Kampfes geriet er in eine zweite Phase der Stagnation. Der Konflikt war zu Ende, er war der Sieger im Kampf, er konnte sich auf seinen Lorbeeren ausruhen und das Leben ruhig angehen lassen. Zusätzlich zu seinen mechanischen Errungenschaften hatte der Mensch große Fortschritte in den sozialen und politischen Beziehungen gemacht und machte weiter Fortschritte, bis seine primitive Organisationsform perfektioniert war. Letzten Endes finden wir, dass er unter zwei Bedingungen existiert, abhängig von den Unterschieden im Charakter des Landes, in dem er lebte.

In den Steppen und Wüsten Asiens und in den Wüsten Afrikas war er ein nomadischer Hirte. Sein Leben verbrachte er mit der Pflege seiner Herden und Herden, seine politische Organisation war patriarchalisch, sein Besitz gering, seine Bedürfnisse gering, sein Geist beruhigt. sein Fortschritt war weitgehend zu Ende. So lebt er immer noch, und diese Organisation und Lebensweise bestehen immer noch fort, kaum beeinträchtigt durch die langen Jahrhunderte, die vergangen sind, und nicht wesentlich verändert durch die vielen Kriege, in die er verwickelt war. Geistig ist der Steppen- und Wüstenmensch heute kaum weiter fortgeschritten als seine Vorgänger vor Tausenden von Jahren.

In den fruchtbareren Regionen der Erde war der Mensch zum Landwirt geworden, wobei jeder Clan seinen Teil der Erde als Gemeinschaftseigentum besaß. Hier entstand eine andere, wenn auch primitive Form der politischen Organisation, die der Dorfgemeinschaft, in der es keinen Unterschied zwischen Arm und Reich gab, alle Menschen in ihren Rechten und

Privilegien gleich waren, alle mit ihrer Situation zufrieden waren und die geistige Verfassung weitgehend gleich war das der Stagnation. Wir stellen fest, dass dieser politische Zustand auf der ganzen Erde weit verbreitet war, sowohl in der östlichen als auch in der westlichen Hemisphäre, als derjenige, in den alle sich entwickelnden landwirtschaftlichen Gemeinschaften hineinwuchsen und in dem sie unverändert verharrten, bis sie durch einen neuen Einfluss gezwungen wurden, neue Beziehungen einzugehen beschrieben werden. So wie der patriarchalische Clan in den asiatischen Steppen und Wüsten fortbesteht, so ist es auch mit der dörflichen Gemeinschaft in den russischen Ebenen und unter den Ariern Hindustans so . An anderen Orten wurde es im Allgemeinen überwunden, aber es breitete sich bis vor relativ kurzer Zeit weit aus, und in vielen Teilen der Erde sind noch immer Spuren davon zu finden.

Die politische Organisation dieser primitiven Hirten- und Bauerngemeinschaften war die einfachste. Über den Hirtenclan herrschte ein patriarchalischer Häuptling, dessen Autorität auf seiner Position als Vertreter des Vorfahren der Gemeinschaft beruhte. Der Oberhaupt des landwirtschaftlichen Clans wurde durch die freie Wahl seiner Kameraden gewählt, die ihm in Rang und Stellung ebenbürtig waren. Es war jedoch wahrscheinlich, dass der vermeintlich direkteste Nachkomme des Clan-Vorfahren ausgewählt wurde. In beiden Fällen handelte es sich bei der politischen Organisation um eine Familienorganisation, die lediglich eine Erweiterung der Familienregierung darstellte, und das weit verbreitete System der Ahnenverehrung hatte viel mit der Verehrung, die dem Häuptling entgegengebracht wurde, und der Autorität, die er ausübte, zu tun.

Die Entwicklung dieser Phase des menschlichen Fortschritts endete hier nicht. Königreiche und Imperien entstanden als direkte Folge dieser Sachlage. In einigen Gegenden wie Ägypten und Babylonien führte die große Fruchtbarkeit des Bodens zu dieser Zeit zu einer dichten Bevölkerung, die sich größtenteils in Städten und Dörfern versammelte, wo sich neben der Landwirtschaft auch andere Industriezweige entwickelten und engere soziale Beziehungen bestanden. Die einfache Organisation des Dorfes oder des Clans reichte für eine solche Bevölkerung nicht aus, und es entstand ein komplexeres Regierungssystem; aber es scheint lediglich eine Erweiterung des älteren Systems der Häuptlingsherrschaft gewesen zu sein, das auf der familiären oder väterlichen Beziehung und auf dem Wachstum des religiösen Einflusses und der Priesterkontrolle beruhte. Tatsächlich scheint es dem Einfluss religiöser Ideen zu verdanken, dass die Menschen erstmals an die Macht gelangten und die Oberhand über ihre Mitmenschen erlangten.

Wir beschäftigen uns hier nicht mit der Entwicklung religiöser Systeme, außer zu sagen, dass in der primitiven landwirtschaftlichen Gemeinschaft eine Reihe von Vorstellungen über die Beziehung des Menschen zum

Unsichtbaren entstanden, die zusätzlich zur weit verbreiteten Ahnenverehrung ein System des Schamanismus hervorbrachten Der Glaube an die Anwesenheit und Macht bösartiger Geister und der Glaube an den Fetischismus, der sich zur Mythologie oder Verehrung der großen Naturkräfte entwickelte. Was uns beunruhigt, ist die Tatsache, dass aus diesen religiösen Vorstellungen überall eine Priesterschaft entstand, angefangen beim einfachen Beschwörer oder Heiler durch Zaubersprüche und Beschwörungsformeln, bis hin zu einer priesterlichen Einrichtung, deren führende Mitglieder durch ihren Glauben eine starke Kontrolle über das Volk hatten , Ängste und Aberglaube.

Dieses Priestersystem war die Grundlage der ersten kaiserlichen Organisation. Königliche Autorität erlangte man zunächst nicht durch Macht über den Körper der Menschen, sondern durch Einfluss auf ihren Geist. Es gibt viele Gründe zu der Annahme, dass der Häuptling des Clans oder Stammes, der die öffentliche Verehrung leitete und als Vertreter seines göttlichen Vorfahren angesehen wurde, den Einfluss behielt, der mit der Entwicklung des Stammes zur Nation entstand, und ihm Macht und Macht hinzufügte Position des Hohepriesters zu der des Stammeshäuptlings.

Es gibt zahlreiche Beweise dafür, dass die kaiserliche Organisation auf diese einfache und direkte Weise überall aus dem primitiven dörflichen und patriarchalen System hervorgegangen ist. In den frühen Tagen Ägyptens, bevor die Ära der Eroberung begann, war der Pharao der Hohepriester der Nation, schwach in zeitlicher, stark in geistlicher Macht; und die politische Organisation im Allgemeinen ist wahrscheinlich aus dem priesterlichen Establishment hervorgegangen. Sehr wahrscheinlich war das babylonische Königreich auf die gleiche Weise organisiert, obwohl Kriege und Dynastiewechsel seinen frühen Zustand verschleierten. In China wurde der Patriarch einer Nomadenhorde Kaiser einer Nation, deren wichtigstes religiöses System die Ahnenverehrung beibehielt. Er war und ist immer noch der Vater seines Volkes, der Vertreter des ursprünglichen Vorfahren und der Hohepriester der Nation.

In Indien war die Priesterschaft anders organisiert. Es war eine Demokratie statt einer Aristokratie. Es gab keinen Hohepriester, der die Zügel der Regierung in die Hand nahm. Infolgedessen entstand in Indien kein Reich. Es entwickelte sich ein einfacher Auswuchs des Stammessystems, wobei jeder Stamm seinem Häuptling unterstand, während die Priesterschaft als Ganzes die eigentlichen Herrscher des Volkes blieb.

Wenn wir nach Amerika kommen, stellen wir eine ähnliche Situation fest: Das Oberhaupt des religiösen Establishments wird überall zum Oberhaupt der Nation. Dies war in Mexiko der Fall, wo der Montezuma Hohepriester war und seine Macht größtenteils aus dieser Position bezog. Dies war in Peru der Fall, wo der Inka der direkte Vertreter der Sonnengottheit auf der Erde war. Dies war bei den landwirtschaftlichen Gemeinden im Süden der Vereinigten Staaten der Fall, deren Mico gleichzeitig Hohepriester und Autokrat war. Dies war zweifellos bei den Mound Builders der Fall, deren Nachkommen diese Gemeinden wahrscheinlich waren.

Dies scheint das Endergebnis des Wettstreits mit der Natur gewesen zu sein, die sich in ihrer natürlichen und ungehinderten Weise entwickeln konnte. Es entstand eine Reihe von Imperien einfacher Organisationsform, deren Herrscher weltliche und geistige Macht vereinten und im doppelten Sinne zu Autokraten wurden, zu obersten Herren von Körper und Seele. Es war von Natur aus ein hartnäckiger Typ. Sobald es erreicht war, hielt es tendenziell unbegrenzt an und stagnierte nach der Ära des Wachstums. Aber Krieg und Invasionen haben es überall zerstört, außer in China, einem Land, das von Natur aus weitgehend gegen Invasionen geschützt ist und in dem ein von Natur aus friedliches Volk lebt. So wie die Waldpygmäengruppe heute die Vollendung der ersten Stufe der menschlichen Evolution darstellt, so repräsentiert das patriarchalische Reich China die zweite. Der dortigen Stagnation folgte längst die Entwicklung. Mehrere tausend Jahre lang stand China nahezu still. Es erscheint uns als versteinerter Vertreter eines antiken Systems, körperlich aktiv, aber geistig träge, seine Organisation starr fixiert und darf nicht gestört werden, es sei denn, das Reich selbst wird in Stücke gerissen.

XI
KRIEGSFÜHRUNG UND ZIVILISATION

Lange bevor die zweite Phase der menschlichen Evolution abgeschlossen war, hatte die dritte Phase begonnen, die des Konflikts von Mensch zu Mensch. Nachdem das Tierreich unterworfen war und die Natur den Menschen zum Freund und Diener machte, wuchs und vermehrte sich die Menschheit, bis die Grenzen der Gemeinschaften aufeinander trafen und feindliche Beziehungen zwischen ihnen entstanden. Ein Kampf um Plätze begann, ein Kampf um die Vorherrschaft, ein erbitterter und unaufhörlicher Kampf um die Vorherrschaft, und jahrhundertelang kämpften die Menschen in einem schrecklichen und gnadenlosen Kampf, in dem die Schwachen und Inkompetenten ständig an die Wand gingen, die Starken, Wagemutigen und Aggressiv stieg zu Macht und Kontrolle auf.

Es war der letzte Akt im großen Drama der „natürlichen Auslese", das seit dem ersten Erscheinen lebender Formen auf der Bühne der Erde gespielt wurde; der letzte und rücksichtsloseste von allen, denn die auslösende Ursache war nicht mehr nur der Druck auf einen Anteil an der Nahrungsversorgung, sondern dazu kam noch die Gier nach Macht und Platz, der Hunger nach Reichtum und Herrschaft, der unstillbare Appetit darauf autokratische Kontrolle. Millionen und Abermillionen Menschen wurden vom Schwert und den damit verbundenen Dämonen, Hungersnöten und Seuchen dahingerafft; Und immer noch kletterten die Stärkeren und Fähigeren an die Spitze, die Schwächeren und Unterlegenen erlagen; und die intellektuelle Entwicklung des Menschen ging mit zunehmender Geschwindigkeit voran, als die Ernte des Schwertes eingefahren wurde und die gnadenlosen Schnitter der Menschen in aufeinanderfolgenden Kolonnen über die Erde fegten, wobei jede eine Stufe höhere geistige Fähigkeiten hatte als die vorhergehende.

Diese Phase der menschlichen Evolution ist die des Zeitalters der Menschheitsgeschichte. Vor seinem Aufkommen hatte der Mensch keine Geschichte. Es wäre ebenso nützlich zu versuchen, die Geschichte des Gorillas wie die des Menschen in den frühen Stadien seiner Entwicklung darzustellen. Die Geschichte ist die Aufzeichnung der Individualität, und in der Urzeit herrschten Gleichheit und Kommunismus, und der Einzelne hatte sich noch nicht von der Masse getrennt. Der Mensch hatte sich in der trüben Trägheit eines stagnierenden Teichs niedergelassen, und die heftigen Winde des Krieges waren nötig, um seine geistige Trägheit zu durchbrechen und das Denken zu gesunder Aktivität anzuregen. Es muss Führer geben, bevor es Geschichte geben kann; Die Annalen der Menschheit beginnen mit der Heldenverehrung; die Beziehungen zwischen Vorgesetzten und

Untergebenen müssen hergestellt werden; und individuelles Handeln und Überlegenheit sind die Grundlagen, auf denen die gesamte Geschichte aufgebaut ist. Nur indem der tiefe Teich des menschlichen Lebens in brodelnden Aufruhr und Unruhe aufgewühlt wurde, konnte die Tendenz zur Stagnation überwunden werden, die Besten und Ehrgeizigsten an die Spitze steigen, die Langweiligen und Schweren nach unten sinken und das Element des Denkens das Ganze durchdringen mit seinem vitalisierenden Geist.

Wenn diese Phase der Evolution erreicht ist, hören wir zum ersten Mal auf, uns mit Arten und Gattungen in der Masse zu befassen, und beginnen, uns mit Individuen zu befassen, die nun aus der allgemeinen Gruppe hervorgehen und wie große Signalpfosten auf der Autobahn der Menschheit abseits stehen Fortschritt. Diese Helden sind nicht nur diejenigen des Schwertes. Sie sind führend in der Kunst, in der Literatur, in der Wissenschaft, im Denken, in allen Bereichen; die Männer, die oben erhaben und strahlend stehen und zu deren Höhe die ganze Masse unten langsam, aber energisch nach oben drängt. Die dritte Phase der menschlichen Evolution ist daher die des Erscheinens des Individuums als Führer, Gesetzgeber und Lehrer der Menschheit, wobei jeder Führer ein Ziel für die Nachahmung aller darunter liegenden Menschen darstellt. Und dieser Zustand ist das legitime Ergebnis des Krieges, der, so schrecklich er immer auch war, die einzige Möglichkeit war, die Stagnation des frühen Kommunismus schnell zu durchbrechen und den Menschen in einem Wirbelsturm auf die Höhen der Zivilisation zu schicken.

Die Geschichte dieser Evolutionsphase zu erzählen, würde bedeuten, die Geschichte der Menschheit zu erzählen, und würde vom Zweck dieser Arbeit abweichen. Um unsere Argumentation zu untermauern, muss lediglich versucht werden, einige allgemeine Schlussfolgerungen aus der Geschichte der Menschheit anzuführen, die auf die herausragenden Eigenschaften hinweisen, die der Soldat durch den Krieg erhalten hat.

Der Konflikt zwischen Mensch und Mensch war zunächst vage und belanglos. Erst nachdem sesshafte und organisierte Gemeinschaften entstanden waren, die ursprünglich auf der Familienbeziehung beruhten und durch den gemeinsamen Besitz zusammengehalten wurden, wurden die Auswirkungen des Krieges wirksamer. Die wichtigsten dieser Ergebnisse waren in der Anfangszeit zwei: die Auflösung der alten Gleichheit von Macht und Besitz und die Entwicklung größerer und mächtigerer Gemeinschaften. Der Oberhaupt der Dorfgemeinschaft oder des Hirtenclans verfügte über eine gewisse delegierte Autorität, aber über keine politische Vormachtstellung über seine Mitmenschen. Gleichheit existierte sowohl in der Theorie als auch in der Praxis. Kämpfe zwischen benachbarten Clans waren der erste Schritt, um dies zu beenden. Der besiegte Clan wurde dem siegreichen untergeordnet, und der Häuptling der Sieger übte als Vertreter seines Clans eine Autorität über die unterworfene Gemeinschaft aus, die er zu Hause nicht besaß. Der Grad der Unterordnung unterschied sich von der milden Form der Tributzahlung bis hin zur persönlichen Sklaverei. Aber in beiden Fällen sehen wir, wie der alte Zustand der Gleichheit verschwindet und der der Klassenunterschiede und des Verhältnisses von Höherem und Unterlegenem entsteht, während die Macht des Oberhaupts von einer delegierten Autorität zu einer etablierten Vorherrschaft schreitet.

Das zweite Ergebnis dieser frühen Kriegsphase war eine Vergrößerung der politischen Gruppen. Die Besiegten waren gezwungen, den Eroberern im Krieg wie im Frieden zu helfen; Clans schlossen sich zusammen, um der Aggression zu widerstehen; kleinere Gemeinschaften wuchsen zu organisierten Stämmen; Stämme entwickelten sich durch kriegerische Operationen zu Nationen. Dieses Wachstum der politischen Organisation war eine notwendige und unvermeidliche Folge der anhaltenden Kriegsführung. Die Angreifer sammelten alle möglichen Kräfte. Die angegriffenen Völker taten dasselbe. Aus vorübergehenden Allianzen wurden dauerhafte. Größere Armeen wurden gebildet, größere Gemeinschaften organisiert, die nationale Entwicklung schritt zehnfach, wahrscheinlich sogar hundertfach voran, schneller, als sie es bei anhaltenden friedlichen Bedingungen getan hätte.

Parallel zur Stammes- und Nationalkonsolidierung wuchs die Führung. Der Anführer wurde zum Kriegshäuptling, der Kriegshäuptling zum König. Der Erfolg machte ihn für sein Volk zum Helden. Er entwickelte sich zum Herrn der besiegten Stämme; in seine Hände fiel der Großteil der Beute; Das Verhältnis der Besitzgleichheit verschwand, da die von der Armee erbeutete Beute ungleich unter den Siegern verteilt wurde. Unter dem Hauptführer standen seine fähigsten Anhänger, von denen jeder einen proportionalen Anteil an der neuen Aufteilung von Macht und Reichtum beanspruchte und erhielt. Kurz gesagt, als die Ära des Krieges vollständig begonnen hatte, wurden die alten sozialen und politischen Beziehungen der Menschheit mit großer Geschwindigkeit aufgelöst; Die Gleichheit der Macht wurde durch eine Ungleichheit ersetzt, die immer mehr zum Ausdruck kam. Gleichermaßen verschwand die Vermögensgleichheit; In allen Richtungen trat das Individuum aus der Masse hervor, die Klassenunterschiede wurden komplizierter, und die Beziehungen von Arm und Reich, von König, Adligem, Bürger und Sklave ersetzten vollständig die alte gemeinschaftliche Organisation der Menschheit.

Der Krieg war der wichtigste Faktor dieser Entwicklung. Es könnte langsam und in Frieden entstanden sein; Im Krieg kam es mit geradezu verblüffender Schnelligkeit und erreichte einen Grad an Macht einerseits und Unterordnung andererseits, der kaum jemals hätte auftreten können, wenn Friedensbedingungen geherrscht hätten. Mit diesem Wachstum großer

Nationen ging eine rasche Entwicklung in der Politikwissenschaft, in den Rechtsinstitutionen und in den sozialen Beziehungen einher. In der Zivilisation der Menschheit wurde in einem begrenzten Zeitraum ein enormer Fortschritt gemacht; Dies ist nicht auf die Verwüstung und das Blutbad des Krieges zurückzuführen, sondern auf seinen Einfluss auf die menschliche Organisation.

Es war das Prinzip der Belohnung für Fähigkeiten, dem die Führer der Menschen ihre Vormachtstellung verdankten. Als Nationen gegründet wurden, nahm dieses Prinzip eine andere und sehr nützliche Form an. Die Vermögensverteilung war auffallend ungleich geworden. Es gab endlose Unterschiede zwischen den äußerst Reichen und den absolut Armen. Die Reichen waren bereit, ihr Geld für Vergnügungs- und Luxusartikel auszugeben. Die Armen wurden in ihrem Durst nach einem Anteil am Reichtum stark zu erfinderischer Tätigkeit bei der Herstellung neuer und begehrenswerter Waren angeregt. Ungleichheit wurde zur Triebfeder der Geschäftstätigkeit; Denken und erfinderischer Einfallsreichtum wurden stark ausgeübt; Die Herstellung neuer Geräte, neuer Methoden und neuer Bedarfs- und Luxusartikel machte rasche Fortschritte. Die Manufaktur blühte auf, der Handel nahm zu, die Zivilisation entstand, das Ganze als legitimes Ergebnis der durch den Krieg verursachten Bedingungen.

Diese Phase der menschlichen Evolution unterschied sich, wie man sehen kann, grundlegend von der bereits betrachteten und entstand aus der Entwicklung des priesterlichen Einflusses und der Macht der Priester. Sie haben zweifellos zusammengearbeitet. Die Errichtung der großen primitiven Reiche als friedlicher Prozess wurde durch den Krieg erheblich erschwert, der die weltliche Macht des Herrschers stetig steigerte und ihm mit der Zeit die alleinige Herrschaft mit dem Schwert ermöglichte. Aber es ist interessant festzustellen, dass lange nachdem das alte System praktisch gestürzt wurde, sein Schatten immer noch auf den Nationen lag. Die mächtigen Kriegsmonarchen von Assyrien führten ihre Armeen im Namen der nationalen Gottheit, deren Statthalter sie zu sein behaupteten, zur Eroberung. Die autokratischen Kaiser Roms gingen in manchen Fällen sogar so weit zu behaupten, sie seien selbst Götter. Sogar im modernen Russland gehört ein Teil dieser Würde dem Kaiser als oberstem Oberhaupt der Nationalkirche. Alte Ideen sind sprichwörtlich schwer zu töten.

Aber die Mission des Priestertums endete hier keineswegs. Die Priester erlangten sowohl als Lehrer als auch als Führer des Volkes Einfluss. Die Mitglieder dieser Klasse spielten eine wichtige Rolle bei der Entwicklung des menschlichen Geistes, da sie sich von manuellen Beschäftigungen fernhielten und sich dem Nachdenken über die Beziehungen des Menschen zum Göttlichen widmeten. Durch ihre spekulative Denktätigkeit gerieten die alten Religionssysteme in den Hintergrund; Der einfache Gottesdienst der Urzeit wurde von komplizierten mythologischen Systemen überschattet, die in Gottesdienst und Glaubensbekenntnis großartig waren. Kosmogonien und Philosophien wurden entwickelt; und das menschliche Denken ging, nachdem es einmal auf diesem Gebiet richtig losgegangen war, mit großer Energie und fantasievollem Eifer weiter.

Als Ergebnis dieser Denktätigkeit entstand die Literatur. Sie nahm zunächst die Form von Hymnen, spekulativen Essays, magischen Formeln, Dogmen, Gottesdienstordnungen usw. an. Nach und nach wurde die Form weltlicher, bis schließlich weltliche Literatur entstand. Dies wurde durch die durch den Krieg verursachten Bedingungen der Ungleichheit stark gefördert. So wie die Belohnung für Verdienste um Erfindungen die Menschen dazu anregte, sich mit mechanischen Künsten zu befassen, so regte die Hoffnung auf eine Belohnung für die literarische Produktion die Menschen zum Verfassen von Gedichten, Geschichten und anderen Werken des Denkens an. In beiden Richtungen, körperlich und geistig, wurden die Menschen durch die Bedingungen der Ungleichheit in Reichtum und Macht und dem daraus resultierenden Wunsch, einen Teil des Geldes zu erhalten, das die Reichen verschwendeten, und der Autorität, die die Mächtigen in ähnlicher Weise verschwendeten, zu den aktivsten Anstrengungen angeregt.

Für unsere Betrachtung dieser Phase der menschlichen Evolution muss die hier vertretene breite allgemeine Sicht ausreichen. Es bringt die Geschichte der Entwicklung des Menschen nah an den gegenwärtigen Stand politischer und sozialer Organisationen und Beziehungen heran. Zum Abschluss dieses Abschnitts unserer Arbeit kann gesagt werden, dass die mächtige Kraft des Krieges, die in der Vergangenheit so aktiv und wichtig war, in der Gegenwart größtenteils ihren Nutzen verloren hat und bald ein Ende finden muss Die Welt ist viel älter. Es wird nicht mehr benötigt, fast oder ganz alles, was es für die Menschheit leisten kann, ist erreicht, während die ebenso mächtigen Agenturen des Handels, des Reisens, der Völkerbünde und anderer Bedingungen modernen Ursprungs an seine Stelle getreten sind.

Der Krieg brachte zwar viele nützliche Ergebnisse, hat aber auch andere hervorgebracht, deren Nutzen fraglich ist und deren negative Auswirkungen nur mit viel Zeit und Mühe beseitigt werden können. Die Ungleichheit der Macht, die durch den Krieg entstanden ist, besteht in vielen Teilen der Welt fort, und die Ungleichheit des Reichtums zeigt Anzeichen einer Zunahme statt einer Abnahme. Einmal nützlich, haben sie sich zu einem schädlichen Ausmaß entwickelt. Das Ergebnis ist ein Zustand der Unruhe, Unzufriedenheit und mehr oder weniger aktiven Opposition, der einen Zustand permanenten Konflikts darstellt, eine tiefe Unzufriedenheit mit bestehenden Institutionen, die für eine gerecht organisierte Gesellschaft unnormal sind. Der Krieg ist weitgehend nutzlos geworden; Aber das Gerüst, auf dem es das Gebäude der Zivilisation errichtete, bleibt bestehen und steht als wankende Ruine da, die droht, die Menschheit in ihrem Untergang zu verschlingen.

Seit dem Siegeszug der Autokratie im Römischen Reich protestieren die Massen der Menschheit immer wieder gegen eine Ungleichheit, die den natürlichen Rechten des Menschen fremd ist. Jahrhundert für Jahrhundert wurde der Kampf gegen ungebührliche Machtausübung fortgesetzt, und die erblichen Herren der Menschheit verloren Schritt für Schritt ihre usurpierte Macht, bis sie in der modernen Republik durch Diener und ausgewählte Vertreter des Volkes ersetzt wurden . Aber die Autokratie des Reichtums behauptet sich immer noch und wird immer gewaltiger, und dagegen erhebt sich jetzt eine Welle des Widerstands. Überall fordert der Mensch ernsthaft und energisch eine gerechte Verteilung der Natur- und Kunstprodukte. Welches Ergebnis diese Forderung sein wird, lässt sich nicht sagen. Es muss unweigerlich zu einer Neuordnung des Reichtums der Menschheit führen; Aber nur der langsame Prozess der gesellschaftlichen Entwicklung kann darüber entscheiden, wie das aussehen soll.

In dieser kurzen Abhandlung haben wir uns bemüht, die Entwicklung des Menschen von seinem ursprünglichen Zustand als baumbewohnendes Tier in den Tiefen der Tropenwälder über die Phasen seines späteren Zustands als aufrechter Oberflächenbewohner bis hin zu seinem Konflikt mit und seiner Herrschaft darüber zu verfolgen das Tierreich, sein anschließender Kampf mit den feindlichen Mächten der Natur und sein letzter Krieg mit seinen Artgenossen und sein Aufstieg in die Zivilisation. Jeder dieser Wettbewerbe hat seine Ergebnisse hinterlassen; der erste bei den Waldnomaden der östlichen Tropen, der zweite bei den patriarchalischen Hirtenstämmen der Steppen und Wüsten, den Dorfgemeinschaften Russlands und des väterlichen Reiches China, der dritte bei den aufgeklärten Nationen Europas und Amerikas.

Wie lange dieses gewaltige Drama der Evolution andauerte, lässt sich nicht sagen. Seine erste Phase muss von endloser Langsamkeit gewesen sein; der zweite ist zwar schneller, aber immer noch sehr bewusst; Sein Drittel ist viel schneller, erstreckt sich jedoch über mehrere tausend Jahre. Wahrscheinlich sind seit ihrem Beginn Millionen von Jahren vergangen, doch der Zeitraum, um den es geht, ist nicht allzu lang für das Ausmaß der Ergebnisse, deren Größe deutlich wird, wenn wir die geistige Entwicklung des Menschen mit der der niederen Tiere in dieser Zeit vergleichen. Die körperliche Entwicklung des Menschen verlief unbedeutend – offensichtlich viel weniger als die vieler anderer Tiere. Mental war es enorm. Die gesamten Einflüsse der Natur wurden in neuen und oft widrigen Situationen auf den Geist des Menschen ausgeübt, und als Ergebnis haben wir den Menschen im Gegensatz zum Menschenaffen zivilisiert. Und das Ende ist noch nicht. Das Zeitalter des Krieges in der Entwicklung des Menschen nähert sich seinem

Ende, und ein neues Zeitalter des Friedens unter Bedingungen fortgeschrittener geistiger und körperlicher Aktivität scheint bald zu beginnen. Sein Ergebnis kann kein Mensch vorhersagen, aber es kann an wohltuenden Ergebnissen alles bisher Dagewesene bei weitem übertreffen und den Menschen auf eine außergewöhnlich hohe mentale Ebene befördern.

XII
DIE ENTWICKLUNG DER MORALITÄT

Die Entwicklung des Menschen ausgehend von seiner tierischen Abstammung war ein komplexes Phänomen, das sich keineswegs auf die bisher betrachteten physischen und intellektuellen Bedingungen beschränkte, sondern auch Merkmale des moralischen und spirituellen Fortschritts umfasste. Der Ursprung und das Wachstum dieser Phänomene müssen ebenfalls untersucht werden, wenn wir einen umfassenden Überblick über die menschliche Evolution geben wollen. Was seine physische Form anbelangt, so wurde der Mensch vor langer Zeit praktisch vollendet, als die höchste Anstrengung der Natur bei der Formung und Belebung der Materie erfolgte. Als die Arena des Kampfes ums Dasein vom Körper auf den Geist verlagert wurde, nahm die Variation im Körper, die einst so aktiv war, rasch ab; und mit dem vollen Einsatz des Intellekts im Konflikt mit der Natur hörte die physische Evolution bis auf kleinere Einzelheiten auf, und die organische Struktur des Menschen wurde praktisch fixiert. Das menschliche Tier hat daher als physische Spezies ein Stadium der Beständigkeit erreicht. Und dies kann als das höchste Ergebnis der materiellen Evolution bei Tieren angesehen werden; oder es lässt sich zumindest behaupten, dass sich, solange der Mensch weiter existiert, kein Mitglied der niederen Tierstämme zu seinem Rivalen entwickeln kann.

Aber obwohl sich der Mensch als physische Spezies nicht deutlich von seinem anthropoiden Vorfahren unterscheidet, hat der Evolutionsprozess nicht aufgehört, sondern ist in ihm schnell und enorm vorangegangen. Die Belastung wurde einfach vom Körper auf den Geist übertragen, und in dem Maße, in dem die geistigen Eigenschaften flexibler sind und formgebenden Einflüssen leichter nachgeben, hat der Geist den Körper in der Geschwindigkeit der evolutionären Variation überholt. In einer Zeitspanne, in der die niederen Tiere nahezu unverändert geblieben sind, hat sich der Geisteszustand des Menschen enorm verändert, und heute kann er nicht nur als eigenständige Art, sondern praktisch als eine neue Ordnung oder Klasse von Tieren betrachtet werden. Intellektuell sind sie von den Säugetieren unter ihm ebenso weit entfernt wie von den Insekten oder Weichtieren.

Wenn wir uns nun von der physischen und intellektuellen Entwicklungsstufe zur ethischen Entwicklungsstufe wenden, wird dies ein ausgeprägter und entschiedener Prozess der Evolution sein. Die Veränderung war vielleicht sogar noch größer, da bei den niederen Tieren die moralischen Fähigkeiten rudimentärer sind als die intellektuellen. Aber andererseits ist die moralische Entwicklung des Menschen weit hinter der intellektuellen Entwicklung zurückgeblieben. Daher hat das Gebäude, obwohl das Fundament niedriger war, nicht annähernd eine so große Höhe erreicht, und der Mensch steht heute in einer moralischen Erhebung, die erheblich unter seinem intellektuellen Niveau liegt.

Früher war es Brauch, den Menschen als das einzige intellektuelle und moralische Tier zu betrachten und den Formen unter ihm ausschließlich erbliche Instinkte zuzuschreiben. Dieser Glaube wird von denjenigen, die mit den Ergebnissen moderner Forschung vertraut sind, nicht mehr vertreten . Bei den niederen Tieren wurden Hinweise auf unbestreitbare Denkfähigkeiten gefunden, wobei sowohl auf Vorstellungskraft als auch auf Vernunft hingewiesen wurde. Der Elefant zum Beispiel ist offensichtlich ein denkendes Tier und in der Lage, Schwierigkeiten zu überwinden und sich an neue Situationen anzupassen, indem er Methoden anwendet, die denen nicht unähnlich sind, die der Mensch selbst unter ähnlichen Umständen an den Tag legen könnte. Seine Dankbarkeit für Gefälligkeiten und die Erinnerung an und Rache für Verletzungen sind Beweise dafür, dass es über moralische Eigenschaften verfügt. Es gibt unzählige dokumentierte Fälle von Vernunftbekundungen beim Hund, dem ständigen Begleiter des Menschen. Intellektuelle Eigenschaften sind beim Affenstamm noch stärker ausgeprägt, wie in einem vorangegangenen Kapitel dargelegt wurde, in dem argumentiert wurde, dass der Mensch seine intellektuelle Entwicklung in einem etwas fortgeschrittenen Stadium begann.

Das Gleiche gilt nicht für seine moralische Entwicklung. In dieser Hinsicht war die Ebene, aus der der Mensch hervorging, eine viel niedrigere. Wenn sein moralisches Wachstum als großer Baum symbolisiert werden kann, ist er nicht sehr tief in der Welt unter ihm verwurzelt. Dennoch ist es zweifellos aus dem Boden des Tierlebens gewachsen, und seine feineren Ranken und Fasern können bis in beträchtliche Tiefen dieses fruchtbaren Bodens zurückverfolgt werden.

Bevor wir uns mit diesem Thema befassen, ist es wichtig, den Merkmalen der moralischen Eigenschaften etwas Aufmerksamkeit zu widmen, über die es große Meinungsverschiedenheiten gibt. Es gab eine Fülle von Theorien über die Prinzipien der Ethik, wobei sich Denker in zwei weit voneinander entfernte Gruppen einteilten. In der einen Schule, der intuitiven, werden die Prinzipien der Moral als der Seele des Menschen innewohnend angesehen und entfalten sich wie die Pflanze aus ihrem Samen. In der anderen Schule, der induktiven, wird behauptet, dass die Moral auf Selbstsucht gründet, wobei das treibende Prinzip menschlichen Handelns der Wunsch ist, Schmerz zu vermeiden und Freude zu erlangen. Jede Schule bringt ein starkes Argument vor, das deutlich darauf hindeutet, dass jede auf einer Wahrheit basiert und daher keine die ganze Wahrheit besitzt.

Der Fehler scheint in dem Versuch zu liegen, die Moral zu einer Einheit zu machen. Aus unserer Sicht existiert diese Einheit nicht. Obwohl beide Schulen teilweise recht haben mögen, scheint keine von beiden ganz richtig zu sein, und sie scheinen an den beiden Enden einer einzigen Kette zu ziehen. Kurz gesagt, Ethik kann als aus ungleichen Hälften zusammengesetzt betrachtet werden, die sich zentral zu einem Ganzen vereinen. Es kann hilfreich sein, die widersprüchlichen Systeme der Theoretiker in Einklang zu bringen, wenn man davon ausgeht, dass die induktive Hälfte der Ethik das Produkt des Denkvermögens und der äußeren Erfahrung ist, die intuitive Hälfte das Produkt des Gefühls und der inneren Entwicklung; während sich beide im Leben treffen und harmonieren, so wie Vernunft und Gefühl im Geist harmonieren.

Es ist interessant festzustellen, dass es das intuitive und nicht das induktive Element der moralischen Eigenschaften ist, das wir hauptsächlich bei den niederen Tieren entwickelt finden. Dies ist das Ergebnis des Instinkts, nicht des Denkens; die Entwicklung jenes Prinzips der Anziehung, das sich in der gesamten Natur manifestiert und das, wenn es mit Bewusstsein verbunden wird, zu dem wird, was wir als Liebe, Zuneigung oder Sympathie kennen. Es ist eine mächtige und durchdringende Kraft in der gesamten Materie, intelligent und unintelligent, und gehört bei bewussten Wesen ganz natürlich zu den Emotionen. Wie alle Leidenschaften hat sie einen instinktiven Ursprung, obwohl sie mit der Entwicklung des Geistes unter die Kontrolle des Intellekts geraten kann. In der niederen Tierwelt manifestiert es sich als eine starke Anziehung, das Sexuelle. Bei den höheren Tieren weitet sich diese Anziehungskraft aus und wird komplexer. Die Anziehung zwischen den Geschlechtern wird zur Liebe und kann in ihrer vollen Entfaltung zwei Individuen ein Leben lang zusammenschweißen und die meisten ihrer Handlungen beeinflussen. Zur Anziehung zwischen den Geschlechtern kommt noch die zwischen Eltern und Kindern, den Eltern und den Kindern, und die zwischen den Geschlechtern, den Stammes- und Sozialpartnern, hinzu, wobei letztere, wenn auch schwächer, den gleichen Charakter haben.

Mit diesen Anleihen hat die Vernunft nichts zu tun. Es formt sie nicht und würde vergeblich versuchen, sie zu trennen. Sie gehören zu einem Teil der geistigen Konstitution, der außerhalb des Reiches des Denkens liegt, und wirken daher oft im Widerspruch zu der selbstsüchtigen Rücksichtnahme auf die persönliche Sicherheit. Tatsächlich scheint das Liebesband in seiner vollen Stärke einen teilweisen Verlust der Individualität darzustellen. Partner erleiden füreinander oder für ihre Nachkommen Schmerzen und körperliche Verletzungen in einem Ausmaß, als ob diese einen Teil von ihnen selbst darstellen würden und als ob ihre Handlungen zur Selbstverteidigung durchgeführt würden .

Mit diesem kurzen Überblick über die Philosophie der ethischen Gefühle können wir zu einer Betrachtung der Fakten übergehen. Während sich die rudimentäre Form des fraglichen Gefühls weit unten in den absteigenden Stufen des Tierlebens manifestiert, weitet sie sich erst in den höheren Formen zu dem aus, was wir mit Fug und Recht als Liebe oder Zuneigung bezeichnen können. Romanes bemerkt in seiner „Tierischen Intelligenz": „Was die Emotionen anbelangt, so beobachten wir zunächst bei Vögeln einen deutlichen Anstieg der zarteren Gefühle der Zuneigung und des Mitgefühls. Dazu gehören die Gefühle, die sich auf die Geschlechter und die Fürsorge für die Nachkommen beziehen." Klasse, die wegen ihrer Intensität sprichwörtlich ist und in der Tat ein Lieblingstypus für den Dichter und Moralisten darstellt. Die Sehnsucht des „Liebesvogels" nach seinem abwesenden Partner und die große Trauer einer Henne über den Verlust ihrer Hühner liefern reichlich Beweise dafür lebhafte Gefühle der fraglichen Art. Sogar der dumm aussehende Strauß hat Herz genug, um aus Liebe zu sterben, wie es bei einem Mann im Rotund des Jardin des Plantes der Fall war, der, nachdem er seinen Partner verloren hatte, schnell dahinschmachtete .

Unter sozialen und gemeinschaftlichen Tieren weitet sich das Gefühl der Sympathie auf alle Mitglieder des Stammes aus, eine Eigenschaft, die bei einem so niedrigen Organismus wie der Ameise sehr stark zum Ausdruck kommt. Als Beispiel für dieses Gefühl bei Vögeln zitiert Romanes eine interessante Illustration des Naturforschers Edward. Dieser hatte eine Seeschwalbe erschossen und verwundet, doch bevor er sie erreichen konnte, wurde der hilflose Vogel von seinen Gefährten fortgetragen. Zwei von ihnen packten es an den Flügeln und flogen damit mehrere Meter über das Wasser. Dann überließen sie ihre Last zwei anderen, und so ging es weiter, bis sie schließlich in einiger Entfernung einen Felsen erreichten. Als der Jäger, begierig auf seine Beute, sie verfolgte, nahmen die sympathischen Vögel ihren verwundeten Kameraden wieder auf und flogen mit ihm erneut über das Wasser.

Säugetierwelt lassen sich zahlreiche Beispiele für dieses Gefühl sozialer Zuneigung anführen . Es ist keineswegs auf Mitglieder einer Art beschränkt, sondern kann sich auch auf sehr ungleiche Arten erstrecken. Niemandem muss von der herzlichen Zuneigung erzählt werden, die der Hund seinem Herrchen so oft entgegenbringt, einer Liebe, die dazu führt, dass er bei seinem Dienst oder beim Schutz seines Eigentums Wunden oder den Tod wagt. Dieses altruistische Gefühl ist bei den Affen stark ausgeprägt. Beispiele für die innigen Gefühle dieser Tiere für ihre Artgenossen wurden in einem vorangehenden Kapitel gegeben, und bei Bedarf könnten noch viele weitere angeführt werden. Es muss hier genügen, ein einziges weiteres von Romanes angeführtes Beispiel zu zitieren, das sich auf einen kleinen Affen bezieht, der an Bord eines Schiffes erkrankte, wo es mehrere andere verschiedener Arten gab.

„Er war schon immer ein Favorit der anderen Affen gewesen, die ihn offenbar als das Letztgeborene und Haustier der Familie betrachteten; und sie gewährten ihm viele Vergünstigungen, die sie einander selten zugestanden. Er war sehr fügsam und sanft in seinem Wesen." Von dem Moment an, als es erkrankte, verdoppelten sich ihre Aufmerksamkeit und Fürsorge, und es war wirklich rührend und interessant zu sehen, mit welcher Sorge und Zärtlichkeit sie das kleine Geschöpf pflegten und pflegten . Zwischen ihnen kam es oft zu einem Kampf um den Vorrang bei diesen Ämtern der Zuneigung; und einige stahlen das eine oder das andere, um es ungeschmeckt mit sich zu führen, so verlockend es auch für ihren eigenen Gaumen sein mochte. Sie nahmen es sanft in sich auf ihre Vorderpfoten, drücke es an ihre Brüste und weine darüber, wie es eine zärtliche Mutter über ihr leidendes Kind tun würde.

Bei der Menschheit zeigt das Liebesgefühl normalerweise nicht die Einzigartigkeit der Energie, die man bei den niederen Tieren findet. Es wird in seiner Entwicklung durch eine komplizierte Reihe von Einflüssen beeinflusst und oft gehemmt, die sowohl auf wilde als auch auf zivilisierte Menschen einwirken. Die Familie bildete die Urmenschengruppe, deren verbindende Elemente die sexuelle Anziehung zwischen Mann und Frau und die innige Zuneigung zwischen Eltern und Kindern waren. Diese Gefühle waren zwar in bestimmten Richtungen stark, aber grob und ungleichmäßig. In wilden Stämmen ist die Frau heute eine misshandelte Arbeitskraft. Dennoch wird der Ehemann seine Frau und seine Kinder vor Gefahren beschützen, bei denen er sein Leben riskiert. Der mütterliche Instinkt scheint noch stärker zu sein. Die Mutter verhält sich oft so, als wäre das Kind ein tatsächlicher Teil ihrer selbst. Gefahr oder Verletzung erzeugen in ihr seelische Qualen, die der Angst oder dem Schmerz sehr nahe kommen, und sie wird in seinem Schutz Leid und Gefahr ertragen, mit einem Impuls, der außerhalb der Kontrolle der Vernunft liegt.

Dieses Gefühl erstreckte sich in abgeschwächter Form von der Familie auf die Gruppe; und der Erfolg des Menschen bei der Erlangung der Herrschaft über die anderen Tiere wurde zweifellos durch die starke Bindung sozialer Affinität zwischen den Mitgliedern einer Gruppe erheblich begünstigt. Sie arbeiteten in einem umfassenderen Sinne zusammen als alle anderen Tiere außer den Ameisen und Bienen.

Aus der ursprünglichen sozialen Gruppe scheint sich nach und nach eine weitere und engere Gemeinschaft entwickelt zu haben, die Verwandtschaftsgruppe. Dies war ein natürliches Ergebnis der Familie, deren Zuneigung sich auf entferntere Verwandte ausdehnte, bis daraus die organisierte Gruppe von Verwandten entstand, die als „Dorfgemeinschaft" bekannt ist und überall vor der Zivilisation entstanden zu sein scheint. Dieses Band der Verwandtschaft dehnte sich nach und nach aus und vereinte die Menschen zu immer größeren Gruppen, bis der Clan, die Horde und der Stamm entstanden, deren Mitglieder alle durch die Realität oder die Fiktion einer gemeinsamen Abstammung miteinander verbunden waren. Dies war die Organisationsform, die in Griechenland und Rom in ihren frühen Tagen existierte und deren Einfluss bis weit in ihre spätere Geschichte hinein spürbar war. Es existierte tatsächlich irgendwann auf fast der ganzen Erde.

Je größer die Gruppe wurde, desto schwächer wurde das Band der Sympathie. Die Liebe in der Familie fand ihr Gegenstück in der Zusammengehörigkeit des Stammes, im Patriotismus der Nation. Es ist zweifellos wahr, dass der Wunsch nach persönlichem Schutz einer der starken Einflüsse ist, die Menschen an Gesellschaften binden. Die Hoffnung auf Vorteile in anderen Richtungen und die Freude am gesellschaftlichen Verkehr sind weitere verbindende Kräfte. Doch unterhalb dieser rationalen Elemente blieb immer das emotionale Element, die sympathische Anziehung, die Verwandte eng zusammenhält und die einen gewissen Einfluss auf alle Mitglieder derselben Gruppe oder Nation ausübt.

Die Entwicklung des ethischen Prinzips in der Menschheit ist größtenteils auf die Ausweitung des Gefühls sozialer Sympathie zurückzuführen. Lange Zeit war es auf die unmittelbare Gruppe beschränkt. Dies war sogar im zivilisierten Griechenland der Fall, das intellektuell zu den fortschrittlichsten Völkern zählte, moralisch jedoch sehr zurückhaltend war. Die Griechen waren lange Zeit in kleinere Gruppen aufgeteilt, wobei die Mitglieder jeder Gemeinschaft durch das wärmste Gefühl des Patriotismus geeint wurden, während ihre gemeinsame Herkunft alle Hellenen zusammenhielt. Dieses Gefühl überschritt jedoch nicht die Grenzen der schmalen griechischen Halbinsel, da alle Völker jenseits dieser Grenzen als Barbaren angesehen wurden, an deren Freuden und Leiden kein Interesse bestand und deren Unglück im Herzen der Griechen kein Mitgefühl hervorrief. Sogar Aristoteles lehrte, dass die Griechen den Barbaren nicht mehr Pflichten schuldeten als den wilden Tieren, und ein Philosoph, der erklärte, dass seine Zuneigung sich auf das gesamte griechische Volk erstreckte, galt als außerordentlich sympathisch.

Die Römer waren in ihren frühen Tagen ebenso engstirnig, und erst als sich das Reich bis an die äußeren Grenzen der zivilisierten Welt ausdehnte, wich diese Enge einer erweiterten Sympathie. Die Brüderlichkeit der Menschheit wurde tatsächlich von Sokrates, Cicero und anderen antiken Moralphilosophen gelehrt, doch diese Samen der Philosophie fielen auf sehr unfruchtbaren Boden und wurzelten mit entmutigender Langsamkeit . Anderswo lehrten Philosophen das Dogma der universellen Liebe —

Konfuzius bei den Chinesen, Gautama bei den Hindus –, aber ihre Lehren haben bei den großen, stagnierenden Völkern Asiens, in denen die Enge der Halbzivilisation vorherrscht, wenig Früchte getragen.

Die Lehren Christi, dessen Moralkodex der intuitive war: „Liebt einander", waren weitaus wirksamer. Das Christentum wurde zur Religion Europas, seitdem des fortschrittlichsten Teils der Welt, und mit jedem Fortschritt der Zivilisation erreichte die christliche Lehre der Nächstenliebe und des Mitgefühls eine höhere und umfassendere Stufe. Heutzutage hat es in Europa und Amerika einen weiten Entwicklungsstand erreicht, und die enorme Ausweitung des menschlichen Verkehrs durch die Medien Reisen, Handel und telegrafische Kommunikation beginnt zum ersten Mal in der Geschichte der Menschheit, die Bedeutung zu erhöhen Lehre von der universellen Brüderlichkeit der Menschen von der Ebene eines philosophischen Dogmas hin zur Ebene einer festgestellten Tatsache. Die Bandbreite der Sympathie ist eng, doch der Egoismus überwiegt, die wirklich Altruistischen sind die wenigen, die schwach Mitfühlenden und kalten Egoisten sind die vielen; Dennoch muss man zugeben, dass es im 19. Jahrhundert eine große Entwicklung des Altruismus gegeben hat und dass die Verheißung des Kommens des Königreichs Christi auf der Erde heute größer ist als jemals zuvor in der Geschichte der Menschheit.

Das Liebesprinzip ist das angeborene moralische Element des Universums. Seine rudimentäre Form ist die Anziehung zwischen Atomen, die sich zur Anziehung zwischen Kugeln ausweitet. Wir sehen eine Entwicklung davon in den magnetischen und elektrischen Anziehungskräften und eine höhere in der sexuellen Anziehungskraft, die in den niedrigsten Organismen existiert. Seine Expansion geht weiter, bis es das hohe Niveau menschlicher Liebe und sozialer Sympathie erreicht. Aber während seiner gesamten Entwicklung nimmt das Bewusstsein an seiner Entstehung nicht teil. Obwohl wir uns seiner Existenz bewusst sind, rufen wir es nicht bewusst ins Leben. Männer und Frauen „verlieben sich"; Sie erwägen keine Zuneigung. Diejenigen, die wir lieben, werden gewissermaßen ein Teil von uns selbst, wir spüren ihre Leiden und ertragen ihre Bedrängnisse, nicht durch die Nerven des Körpers, sondern durch die feineren Nerven des Geistes – ein Geflecht spiritueller Nerven, die sich unsichtbar von der Seele bis zur Seele erstrecken Seele. Diese sympathische Affinität ist so stark, dass Comte dazu gebracht wurde, die Menschheit als einen Organismus zu betrachten, und sie ließ im Geiste von Leslie Stephens die Vorstellung eines gemeinsamen „sozialen Gewebes" entstehen.

Liebe und Gesetz regieren das Universum. Es ist dieses zweite moralische Element, das des Gesetzes, das wir als nächstes betrachten müssen. Die induktive Moral hatte ihren Ursprung in der Erfahrung; Es nahm die Form einer sozialen Einschränkung an, dann eines festen Gesetzes und einer

Vorschrift und gipfelte im Pflichtgefühl – einer gewissenhaften Vermeidung dessen, was man für falsch hielt, und einem ernsthaften Wunsch, das zu tun, was man für richtig hielt.

Die Geschichte dieser Phase der Moral unterscheidet sich wesentlich von der Geschichte, die wir gerade betrachtet haben. Das Pflichtgefühl, das Gewissensgefühl, das beim Menschen so hoch entwickelt ist, scheint bei den niederen Tieren, soweit uns die Beobachtung gelehrt hat, weitgehend nicht vorhanden zu sein. Dennoch fehlt es nicht ganz, sein Rudiment ist vorhanden, und dieses Rudiment ist entwicklungsfähig. Es kann tatsächlich sein, dass die Ameisen und Bienen ein hochentwickeltes Pflichtgefühl haben, wenn man aus ihrer fleißigen Arbeit zum Wohle der Gemeinschaft schließen kann. Die deutlichsten Beispiele für gewissenhafte Pflichterfüllung sind jedoch die des Hundes, bei dem sich in der engen Verbindung zwischen Tier und Mensch etwas entwickelt hat, das einem Gewissen sehr nahe kommt. Ein Hund muss nur gut behandelt werden, um ein Gefühl der Würde und Selbstachtung zu zeigen, das diesen Gefühlen beim Menschen entspricht. Eine empfindliche Abneigung gegen Ungerechtigkeit bei Hunden aus hohen Kasten und sorgfältig erzogenen Hunden wurde oft beobachtet; Scham für eine Handlung, von der das Tier weiß, dass sie verboten ist, wurde in hundert Fällen beobachtet. Das Pflichtgefühl ist gelegentlich sehr stark ausgeprägt. Es gibt viele eindrucksvolle Beispiele dafür. Ein Hund verteidigt das Eigentum seines Herrn oft mit größter Hingabe und lässt sich durch keine Versuchung vom Weg der Pflicht abbringen.

Dem Autor wurde ein Fall berichtet, in dem dieses Gefühl auf außergewöhnliche Weise zum Ausdruck kam. Als ein Herr nachts nach Hause kam, stellte er fest, dass er seinen Schlüssel vergessen hatte, und versuchte, durch das Fenster eines Zimmers, in dem sein Hund als Nachtwache Dienst hatte, in das Haus einzudringen. Zu seiner Überraschung und seinem Ärger erlaubte ihm das Tier nicht den Zutritt und griff ihn jedes Mal an, wenn er versuchte hineinzuklettern. Das Tier kannte ihn gut und reagierte auf seine Versuche, es zu streicheln, aber in dem Moment, als er versuchte, das Fenster zu betreten es wurde feindselig und schien bereit, über ihn herzufallen. In seinem kleinen Gehirn herrschte das Gefühl, dass niemand, weder Herr noch Fremder, das Recht hatte, das Haus nachts durch das Fenster zu betreten, und dass es dort war, um seine Pflicht ohne Rücksicht auf Personen zu erfüllen. Am Ende musste der Herr gehen und woanders Schutz suchen.

Die Entwicklung des Pflichtgefühls und die Zunahme moralischer Beschränkungen verliefen beim primitiven Menschen wahrscheinlich sehr langsam, viel langsamer als die Entwicklung der Intelligenz. Die sozialen Gewohnheiten des Menschen erforderten zweifellos schon in einer frühen Periode gewisse Beschränkungen für die Handlungen einzelner Menschen, und diese erlangten mit der Zeit die Kraft eines ungeschriebenen Gesetzes; aber viele von ihnen waren kaum das, was wir moralische Verpflichtungen nennen sollten. Heutzutage gibt es bei wilden Stämmen viele solcher Einschränkungen, und an diese müssen wir uns wenden, um Beispiele für ihren Charakter zu finden. Wir betrachten zum Beispiel Diebstahl und Lügen als unmoralische Praktiken, aber das ist bei Wilden im Allgemeinen nicht der Fall, von denen die meisten stehlen, wenn sich die Gelegenheit bietet, während sie auf eine so durchsichtige und nutzlose Weise lügen, dass sie darauf hindeutet, dass sie es tun sehe in dieser Praxis nichts Falsches. Und doch sind die Ureinwohner Indiens, von denen viele nach unseren Maßstäben sehr unmoralisch sind, der Unwahrheit oft stark abgeneigt. „Ein wahrer Gond", sagt Mr. Grant, „wird einen Mord begehen, aber er wird nicht lügen." Es ist bekannt, dass Wahrhaftigkeit eine der Haupttugenden der alten Perser war, eine Tugend, die mit vielem einherging, das wir als unmoralisch bezeichnen würden. Der Hindu-Anhänger geht äußerst liebevoll mit dem Leben der Tiere um, während er gegenüber menschlichem Leid oft gleichgültig ist. Die Missachtung des menschlichen Leidens zeigte sich in der Tat in allen vergangenen Zeitaltern deutlich; Menschen wurden mit so wenig Gewissensbissen abgeschlachtet, als wären sie wilde Tiere, während schreckliche Folterungen mit einem außerordentlichen Mangel an menschlichem Gefühl durchgeführt wurden. Und diese Exzesse wurden von Personen begangen, die in den alltäglichen Angelegenheiten des Lebens oft zartfühlend und gewissenhaft im Handeln waren.

In Wahrheit hat die moralische Entwicklung von diesem Standpunkt aus immer eine Einseitigkeit gezeigt, die weit geht, um die Lehre intuitiver Vorstellungen von richtig und falsch zu diskreditieren. Es gibt deutliche Anzeichen dafür, dass Verhaltensregeln nicht dem menschlichen Geist innewohnen, dass Menschen in dem Maße moralisch werden, in dem ihnen die Grundsätze der Gerechtigkeit beigebracht werden, und dass ihre Vorstellungen von Tugend durch Unvollständigkeit in ihrer moralischen Erziehung einseitig werden. Was wir Sündhaftigkeit nennen, ist größtenteils eine Frage von Sitte und Konvention. Von Menschen kann man nicht richtig sagen, dass sie sündigen, wenn ihre Handlungen nicht durch Gewissensskrupel kontrolliert werden, und was ein Volk als abscheuliche Fälle von Fehlverhalten ansehen würde, könnte von einem Volk mit einem anderen moralischen Maßstab als unschuldig und sogar wertschätzend angesehen werden. Religion hat viel damit zu tun. Die Menschenopfer und Kannibalenfeste der Azteken-Indianer beispielsweise betrachteten sie als gute Taten, Verpflichtungen, die sie ihren Göttern schuldig waren. Dennoch hatte dieses Volk einige der verfeinerten Praktiken und moralischen Vorstellungen der Zivilisation erreicht.

Es gibt nur wenige und einfache Grundprinzipien für korrektes menschliches Verhalten. Sie wurden schon früh in der Geschichte des menschlichen Denkens entwickelt und seitdem ist ihnen kaum etwas hinzugefügt worden. Sie entstanden als Ergebnisse menschlicher Erfahrung, als notwendige Prinzipien der Zurückhaltung in sich entwickelnden Gemeinschaften und existierten fast alle in prähistorischen Zeiten als ungeschriebene Gesetze der sozialen Organisation. Was Glaubensbekenntnismacher taten, war, diese alten Axiome der Moral zu Protokoll zu geben und sie der Welt als Kodizes religiöser Einhaltung anzubieten. Sie können nicht primitiven Ursprungs sein, da die meisten von ihnen bei den wilden Stämmen, die noch bei uns leben, nicht existieren. Es gibt tatsächlich nichts, was darauf hindeutet, dass in den Köpfen der niedrigsten Wilden eine Vorstellung von Sündhaftigkeit existiert, da die Verhaltensregeln, die sie besitzen, solche Vorschriften sind, die für die Existenz der am wenigsten entwickelten Gemeinschaft notwendig sind.

Von den verschiedenen Moralkodizes sind uns die berühmten „Zehn Gebote", die den Israeliten von Moses gegeben wurden, am bekanntesten. Die meisten davon – wie alle derartigen Kodizes – waren offensichtlich rechtlichen Ursprungs, Regeln, die für die Existenz einer zivilisierten Gesellschaft notwendig waren, Beschränkungen, die das Verhalten der Menschen untereinander kontrollierten. Es waren die Glaubensbekenntnismacher, die solchen gesetzlichen Beschränkungen erstmals die Kraft moralischer Verpflichtungen verliehen und ankündigten, dass ihre Übertretung von göttlichen Kräften bestraft würde, selbst wenn sie der menschlichen Vergeltung entgehen sollten.

Tatsächlich wurden viele verletzende Taten gleichermaßen als Verbrechen gegen Gott und den Menschen angesehen und waren im Interesse beider strafbar. Politische und moralische Verpflichtungen werden so in einen Schatten gestellt; Einige der Übel der Welt werden allein von menschlichen Kräften bestraft, einige von göttlichen Kräften, einige von beiden. Es muss jedoch gesagt werden, dass im Laufe der gesamten Entwicklung der menschlichen Zivilisation der Einfluss moralischer Verpflichtungen zugenommen hat, während die Notwendigkeit politischer Gesetze im gleichen Verhältnis abgenommen hat. In der Antike waren die Strafen für Verbrechen gegen die Gemeinschaft furchtbar hart, während die Religion denjenigen, die die göttlichen Mächte beleidigten, künftig mit schrecklichen Strafen drohte. Die Notwendigkeit solch strenger Beschränkungen nimmt seit langem ab, und je deutlicher man spürt, dass unmoralische Taten oder entwürdigende Gedanken und Absichten von einer geistigen Vergeltung heimgesucht werden, desto geringer ist die Notwendigkeit für Gesetze und Strafen. Daher ist die Einschränkung menschlichen Handelns durch die Regierung immer weniger notwendig als früher, im Einklang mit dem wachsenden Gefühl der spirituellen Erniedrigung durch Böses und der spirituellen Erhebung durch gute Taten. Milde Gesetze sind an die Stelle der strengen Erlasse der Vergangenheit getreten, und bei einem beträchtlichen Teil der Gemeinschaft sind restriktive Gesetze nutzlos geworden, und das Gewissen ist an die Stelle des Gesetzes getreten. Bei solchen Menschen bleibt der Impuls zu bösen Taten unerfüllt, und die Strafe für ihr eigenes Fehlverhalten kann schwerwiegender sein als die Strafe, die die Gemeinschaft verhängen würde. In den Seelen solcher Menschen sitzt ein spirituelles Tribunal, durch das böse Gedanken geprüft und bestraft werden, bevor sie sich zu bösen Taten entwickeln können.

Diese Betrachtung der Entwicklung der moralischen Prinzipien und Dogmen war notwendigerweise kurz. In welche Richtung es führt, muss allen klar sein, und wir können mit Zuversicht auf einen Zustand der menschlichen Gesellschaft blicken, in dem das Gewissen ein stärkeres Element des Intellekts geworden sein wird als jetzt und das Gefühl moralischer Verpflichtung ein vorherrschenderes Gefühl ist. und gesetzliche Beschränkungen eine weniger notwendige staatliche Anforderung.

Von allen heutigen Ismen ist der Altruismus bei weitem der edelste und vielversprechendste. In diesem Gegner des Selbstismus, dieser Rücksichtnahme auf die Rechte und das Glück anderer ebenso wie auf uns selbst, finden wir das Bindeglied, das die beiden Hälften des moralischen Prinzips miteinander verbindet. Das Liebesgefühl auf der einen Seite und das Pflichtgefühl auf der anderen Seite treffen und vereinen sich im Eifer des Altruismus, für den ein wahrhaft entwickeltes Gewissen nur ein anderer Begriff ist. Wem das Wohl anderer am Herzen liegt, wer in der praktischen Verwirklichung der Brüderlichkeit der Menschheit wirklich christlich ist, kann getrost von allen Zügeln des Gesetzes befreit werden und darauf vertrauen, dass er das Richtige aus seinem angeborenen Gefühl heraus und nicht von außen tut Zwang. Und im Vertrauen auf die künftige volle Entfaltung des altruistischen Gefühls können wir hoffentlich einer Zeit entgegenblicken, in der das moralische Gesetz allein existiert, das Gewissen zur bestimmenden Kraft im menschlichen Handeln wird und die Regierung die Peitsche fallen lässt, die sie so lange innehatte wegen des Zurückweichens des Menschen in Gefahr gehalten.

XIII
Das Verhältnis des Menschen zum Geistigen

Der Zweck dieser Arbeit bestand darin, den evolutionären Ursprung des Menschen nachzuzeichnen, in seinem Aufstieg aus der niederen Tierwelt zu seiner vollen Größe als physischer und intellektueller Monarch des Reiches des Lebens. Aber um die Geschichte der menschlichen Evolution abzurunden, schien es notwendig, den Menschen vom moralischen Standpunkt aus zu betrachten, und es erscheint nun ebenso wünschenswert, seine Beziehungen zum spirituellen Element des Universums zu überprüfen. Nachdem wir uns mit der Entwicklung des Menschen als sterbliches Wesen befasst haben, müssen wir ihn nun als möglicherweise unsterbliches Wesen betrachten.

Dieser Blick in den höchsten Bereich der Natur erhebt uns zum ersten Mal in unserer Arbeit definitiv über die niedere Welt des Lebens. Nichts deutet darauf hin, dass die Tiere unterhalb des Menschen eine Vorstellung vom Spirituellen hätten. Es ist wahr, dass es verschiedene Aussagen gibt, die bei manchen Tieren, zum Beispiel beim Pferd und beim Hund, darauf hinzudeuten scheinen, dass sie Angst vor unsichtbaren Kräften haben, dass sie ein Element in der Natur erkennen, das für die Augen des Menschen unsichtbar ist. Aber was diese Tatsachen bedeuten, welche Einflüsse sich in solchen Fällen auf den rudimentären Intellekt dieser Tiere auswirken, kann niemand sagen. Auch wenn in ihrem engstirnigen Geist eine vage Erkenntnis von Kräften oder Existenzen jenseits des Sichtbaren aufkommen mag, geht diese wahrscheinlich nicht über die Ebene des Instinkts hinaus und liegt zweifellos fast unendlich unter der menschlichen Vorstellung vom Spirituellen. In diesem Stadium der intellektuellen Entwicklung haben wir es also mit einem Zustand zu tun, der ausschließlich dem Menschen anzugehören scheint oder im niederen organischen Reich nur eine Keimexistenz zu haben scheint.

Tatsächlich kann es durchaus sein, dass der primitive Mensch genauso frei von der Vorstellung einer geistigen Welt war wie sein anthropoider Vorfahre. Den niedrigsten Wilden von heute fehlt eine solche Vorstellung fast, wenn nicht sogar ganz, und ihnen fehlt alles, was man mit Fug und Recht als Religion bezeichnen kann. Wo es unter ihnen scheinbar religiöse Vorstellungen gibt, können wir nicht sicher sein, inwieweit sie von zivilisierten Besuchern eingeflößt wurden oder inwieweit eifrige Missionare in ihrer Sorge, bei Wilden irgendeine Spur von Religion zu entdecken, versehentlich selbst die Glaubensvorstellungen angeregt haben, die sie triumphierend dokumentieren . Den Pygmäen Afrikas, den Negritos Ozeaniens und verschiedenen entarteten Stämmen anderswo fehlen möglicherweise die einheimischen religiösen Vorstellungen, zumindest solche von höherem Grad als jene, die Pferd und Hund in eine Furcht vor dem Unsichtbaren treiben. Man sollte bedenken, dass diese Stämme seit Tausenden von Jahren in gewissem Maße mit weiter entwickelten Rassen in Kontakt standen und erzieherischen Einflüssen ausgesetzt waren, und dass die groben religiösen Vorstellungen, die einige Reisende ihnen zuschreiben, möglicherweise abgeleitet und nicht ursprünglich waren .

Untersuchungen auf diesem Gebiet geben uns sicherlich reichlich Grund zu der Annahme, dass der primitive Mensch, auf dessen Geist keine Einflüsse der Bildung einwirken konnten, frei von Religion war und dass die Vorstellung des Menschen vom Unsichtbaren allmählich entstand, als eine wichtige Phase der Entwicklung seines Intellekts . Jeder Versuch, die Etappen dieser religiösen Entwicklung nachzuzeichnen, geht weit über unser Ziel hinaus, selbst wenn wir dazu in der Lage wären. Es muss genügen zu sagen, dass der Mensch überall, wenn er als halbzivilisiertes Wesen in die Geschichte tritt, reichlich mit mythologischen und anderen religiösen Vorstellungen ausgestattet ist, die auf eine lange vorangegangene Entwicklung auf diesem Gebiet des Denkens hinweisen.

Seit langer Zeit hat der Bereich des Unsichtbaren auf den Geist des Menschen eingewirkt; Sie erfüllten ihn mit Furcht vor Böswilligkeit und Ehrfurcht vor wohltätigen Mächten, inspirierten ihn zu gottesdienstlichen Handlungen, bevölkerten seine imaginären Himmel mit imaginären Gottheiten und ließen eine außergewöhnliche Vielfalt an Göttergeschichten und mythologischen Ideen entstehen. Die Literatur zu diesem Fachgebiet würde eine ganze Bibliothek füllen und ist fast reichlich genug, um einen ein Leben lang mit Lektüre zu versorgen. Dennoch ist es größtenteils, wenn nicht ganz, ideal; es basiert zum großen Teil auf falschen Vorstellungen und fehlgeleiteten Vorstellungen; es werden selten Beweise vorgelegt, und solche Beweise, die vorgelegt werden, sind immer fraglich; Kurz gesagt, wissenschaftliche Untersuchungen und die kritische Verfolgung von Fakten haben bei der Entwicklung religiöser Systeme keine Rolle gespielt, und eine tiefe Wolke des Zweifels hüllt sie alle ein.

Es ist keineswegs unsere Absicht, eine der großen Religionen der Welt in Misskredit zu bringen. Zu sagen, dass sie Produkte der Evolution seien, bedeutet nicht, sie zu entkräften. Vieles, was wahr und solide ist, ist durch die Evolution entstanden. Zu sagen, dass ihnen wissenschaftliche Beweise fehlen, bedeutet nicht, ihre Gültigkeit in Frage zu stellen. Viele der Themen, mit denen sie sich befassen, liegen außerhalb der Reichweite wissenschaftlicher Erkenntnisse. Bisher hat sich die Wissenschaft ausschließlich mit dem Physischen beschäftigt; es hat fast keine Anstrengungen unternommen, die Ansprüche des Spirituellen zu prüfen. Tatsächlich muss der höchste dieser Ansprüche, der auf die Existenz einer

Gottheit, für immer außerhalb ihrer Reichweite liegen. Gott mag existieren, und die Wissenschaft sucht vergeblich bis in alle Ewigkeit nach ihm. Endliche Fakten können niemals das Unendliche abschätzen. Für die Existenz einer unendlichen Gottheit wurden sowohl Beweise als auch Widerlegungen angeboten, aber das Problem bleibt ungelöst. Keiner dieser Beweise oder Widerlegungen ist positiv; sie alle beruhen auf idealen Vorstellungen, und Ideen sind immer fragwürdig; Positive Fakten auf beiden Seiten des Arguments fehlen und werden wahrscheinlich immer fehlen, und der Glaube an Gott muss auf anderen als wissenschaftlichen Grundlagen beruhen.

Aber wenn wir auf die unteren Ebenen des spirituellen Bereichs vordringen , befinden wir uns auf festerem Boden. Hier haben wir es mit dem Endlichen zu tun, nicht mit dem Unendlichen, und nichts, was endlich ist, kann jenseits der Grenzen der Forschung liegen, wie lange es auch dauern mag, es zu erreichen. Die Frage nach der Existenz von Geistern zum Beispiel – das vieldiskutierte Problem der Unsterblichkeit oder zumindest der zukünftigen Existenz des Menschen, das ein so herausragendes Element in der modernen Religion darstellt – liegt innerhalb der möglichen Reichweite der Wissenschaft. und der Versuch, mit wissenschaftlichen Beweisen dagegen vorzugehen, kann vernünftigerweise unternommen werden. Wenn wir über den Bereich der Sinne hinausgehen, finden wir uns in einem Königreich wieder, das von gewaltigen Formen und Kräften bevölkert ist – Raum, Zeit, Materie, Energie und vielleicht unendlichem Bewusstsein –, die alle in ihren endgültigen Bedingungen zu groß sind, als dass der begrenzte Geist sie erfassen könnte , die allesamt Probleme aufwerfen, die Anlass zur Spekulation geben, aber außerhalb der Reichweite einer Demonstration liegen. Aber darunter liegen endliche Möglichkeiten, die der menschliche Geist jetzt möglicherweise begreifen kann oder werden könnte, und unter ihnen liegt das gerade erwähnte Problem im Vordergrund, nämlich das der Existenz eines spirituellen Substrats im Menschen, einer Seele, die überlebensfähig ist der Tod des Körpers. Dies ist ein Thema, das uns alle zutiefst und intensiv beschäftigt, und es wäre angebracht, diesen Band mit einem kurzen Blick auf seinen Status als wissenschaftliche Frage zu schließen.

Der Glaube an die Unsterblichkeit des Menschen ist vergleichsweise modernen Ursprungs. Es gibt keine befriedigenden Beweise dafür, dass ein solcher Glaube unter den alten Juden existierte oder dass er vor der Zeit Christi in Palästina entstand. Sie entstand zu einem früheren Zeitpunkt in Indien und Persien, doch überall trat sie erst spät als klar definierte Lehre in Erscheinung. Doch obwohl es an positiven Beweisen mangelt, besteht kaum ein Zweifel daran, dass schon sehr lange grobe und vage formulierte Vorstellungen von der Existenz des Menschen nach dem Tod vertreten werden. Die Traditionen aller Völker, deren Glauben über den Fetischismus hinausgeht, enthalten Geschichten über die Erscheinung von Geistern menschlichen Ursprungs, und wenn wir zivilisierte Völker und fortgeschrittenere Religionen erreichen , finden wir diese in Hülle und Fülle. Die Annalen der Christenheit sind voll davon. Sie sind in den Zentren anderer entwickelter Glaubensformen gleichermaßen reichlich vorhanden . Wenn wir diese Legenden über das Auftauchen von Geistern durch den dünnen Schleier, der die Zeit von der Ewigkeit trennt, als etablierte Tatsachen akzeptieren könnten, bräuchte das Problem keine Lösung mehr. Derzeit fehlt es der großen Masse solcher Erzählungen jedoch völlig an Beweisen für einen Charakter, den die Wissenschaft zugeben könnte. Es handelt sich um bloße, unbegründete Aussagen, von denen Tausende durch eine einzige, durch nachgewiesene Fakten untermauerte Aussage bei weitem aufgewogen würden. Gelegentlich wurde die Geschichte einer Erscheinung tatsächlich eingehend untersucht, und es gibt einige aus der Vergangenheit überlieferte Fälle dieser Art, die einigermaßen gesichert zu sein scheinen. Aber jede Aussage aus vorwissenschaftlichen Tagen ist zweifelhaft; Die Untersuchungsmethoden waren damals nicht das, was sie heute sind. Das Dogma von der Existenz des Geistes ist zu wichtig, als dass man es auf der Grundlage unwiderlegbarer Beweise akzeptieren könnte, und dies gilt auch für die riesige Menge an Aussagen von Erscheinungen, die uns aus der Vergangenheit oder von den nichtwissenschaftlichen Völkern der Gegenwart überliefert sind mit dem einen Urteil abgewiesen werden, das nicht bewiesen ist.

Es gibt jedoch eine wichtige Tatsache im Zusammenhang mit der Frage der spirituellen Erscheinungen, die einer Überlegung wert ist. Es ist eine feste Regel in der Geschichte der Meinungen, dass Überzeugungen, die auf Vorstellungen oder falschen Vorstellungen beruhten, mit dem Fortschreiten der Aufklärung zurückgingen und viele Vorstellungen, die einst stark vertreten waren, im Licht neuer Gedanken verblassten und verschwanden oder, wo sie beibehalten wurden, verschwunden sind nur von den Unwissenden und Unvernünftigen. Es ist interessant festzustellen, dass dies beim Glauben an spirituelle Manifestationen nicht der Fall war. Dies hat sich bis heute bewährt, und obwohl es weitgehend von Unintelligenten und Leichtgläubigen vertreten wird, kann es heute selbst in den aufgeklärtesten Nationen eine beträchtliche Anzahl intelligenter Anhänger haben. Dieser Glaube, der als Spiritismus bekannt ist, und die Erscheinungsformen, auf denen er beruht, stehen daher modernen wissenschaftlichen Untersuchungen offen; und dies wurde bis zu einem gewissen Grad darauf angewendet, mit in verschiedenen Fällen ziemlich verblüffenden Ergebnissen.

Es ist sicherlich von Bedeutung, festzustellen, dass eine Reihe prominenter Wissenschaftler, die sich mit der Kunst der Forschung bestens auskennen, dieses Problem mit der Absicht angegangen sind, es zu vernichten, und dabei letztlich von der Wahrheit des Spiritismus überzeugt wurden. Es mag genügen, zwei der auffälligsten Beispiele hierfür zu erwähnen. In den frühen Tagen der spiritistischen Propaganda begann Robert Hare, ein berühmter Chemiker aus Philadelphia, eine Untersuchung der sogenannten spirituellen Phänomene mit dem erklärten Ziel, sie als betrügerisch zu beweisen. Seine Beobachtungen wurden lange fortgesetzt, seine Tests waren vielfältig und heikel, und am Ende übernahm er leidenschaftlich den Glauben, den er abschaffen wollte. Etwas später begann William Crookes aus London, ein ebenso berühmter Chemiker und Physiker, eine ähnliche Untersuchung und kam zu ähnlichen Ergebnissen. Die von diesen Männern durchgeführten Tests waren streng wissenschaftlicher Natur und hatten den erschöpfenden Charakter, den ihre langjährige Erfahrung in chemischen Untersuchungen nahelegte. und ihre Bekehrung zu den Lehren des Spiritismus als Ergebnis ihrer Experimente war ein deutlicher Triumph für die Verfechter dieser Lehre. Es könnten noch verschiedene andere von anerkannt hoher Intelligenz genannt werden, die eine ähnliche Untersuchung durchgeführt haben und ebenfalls bekehrt wurden. Zwei der bekanntesten von ihnen waren Richter Edmonds vom New Yorker Bezirksgericht und Alfred Russel Wallace aus England, der mit Darwin die Ehre teilte, die Theorie der natürlichen Auslese zu entwickeln.

Während diese und andere Bereiche der wissenschaftlichen Ausbildung zum Spiritismus konvertierten, kamen viele Forscher zu einem gegenteiligen Schluss, während die Untersuchungen mehrerer Wissenschaftlerausschüsse zu einem ähnlich negativen Ergebnis kamen. Der jüngste und beharrlichste Versuch, die Realität von Phänomenen dieser Art zu erforschen, wurde von der London Society for Psychical Research unternommen, deren Untersuchungen sich über Jahre erstreckten und zahlreiche bemerkenswerte und suggestive Ergebnisse erbrachten. Die wichtigste Schlussfolgerung, zu der die Mitglieder dieser Gesellschaft bisher gelangt sind, ist die Hypothese der Telepathie oder der scheinbaren Fähigkeit eines Geistes, die Gedanken eines anderen Geistes, gelegentlich über große Entfernungen, auf eine Weise zu beeinflussen, die der drahtlosen Methode zu ähneln scheint Telegrafie. Die Beweise für diese Lehre sind so zahlreich, dass sie weitgehend akzeptiert wurde und der ihr zugeordnete Titel allgemein verwendet wurde. Wenn es wahr ist, weist es auf bemerkenswerte Kräfte im Geist des Menschen hin, Fähigkeiten, die weit über die gewöhnlichen intellektuellen Aktivitäten hinauszugehen scheinen.

Dies ist die eine Seite des Falles. Die andere Seite ruft nun zur Präsentation auf. Dies liegt daran, dass die große Zahl der Wissenschaftler die Theorie des

Spiritismus völlig ablehnt und ihre Erscheinungsformen als Folge von Betrug, Missverständnissen, Leichtgläubigkeit oder anderen Schwächen betrachtet, denen die menschliche Natur ausgesetzt ist. Was die Meinungen der genannten prominenten Wissenschaftler anbelangt, so werden diese Männer von ihren Kollegen in der großen wissenschaftlichen Körperschaft als geistig verzerrt angesehen oder als Menschen, die sich von Betrügern zum Opfer fallen ließen. Die Tatsache, dass Professor Crookes eine der akribischsten und tiefgreifendsten Untersuchungen der Phänomene der Physik fortgesetzt hat und dass seine Ergebnisse in dieser Richtung ohne Frage akzeptiert werden und dass Professor Wallace als einer der führenden Denker der Physik gilt Tag, hat nicht ausgereicht, sie von den Zweifeln zu befreien, die auf ihrer geistigen Gesundheit oder ihrem kritischen Urteil in dieser Hinsicht ruhen, und der bloße Versuch von irgendjemandem, die sogenannten spirituellen Manifestationen zu untersuchen, wird weithin als Beweis für Leichtgläubigkeit oder ähnliches angesehen größere geistige Schwäche.

Dieses Ergebnis mag einzigartig erscheinen, ist jedoch nicht ohne große Berechtigung. Es muss berücksichtigt werden, dass die betreffenden Phänomene sich ihrem Charakter nach wesentlich von denen unterscheiden, mit denen sich die Wissenschaft normalerweise befasst. Das Gebiet der wissenschaftlichen Untersuchung ist eindeutig das Material; die Tatsachen, mit denen es sich befasst, sind solche, die für die Sinne sichtbar sind oder mit materiellen Instrumenten überprüft werden können; seine Entdeckungen lassen im Allgemeinen nur eine Interpretation zu; Seine Methoden können auf unbestimmte Zeit wiederholt werden, und seine Ergebnisse bleiben bei richtiger Interpretation in ihrem Charakter unverändert. Keines dieser Postulate trifft vollständig auf die spiritistische Untersuchung zu. Hier unterscheiden sich die Bedingungen, die Ergebnisse variieren, die Methoden können selten genau wiederholt werden, bewusste Wesen anstelle unbewusster Instrumente sind die eingesetzten Agenten, und die geheimen Gedanken und Absichten solcher Agenten können das Ergebnis sehr wahrscheinlich verfälschen und eine offene Tür öffnen Bereich des Zweifels, der bei der Erforschung der anorganischen Welt nicht existiert.

Dies ist einer der Gründe für den Zweifel der Wissenschaftler. Es ist nicht die einzige oder die Hauptursache. Letzteres ist die Tatsache, dass die Behauptungen des Spiritismus den Menschen in einen völlig neuen Bereich des Universums erheben, ihn aus dem großen Bereich der Materie entfernen, mit dem er körperlich verbunden ist und an den seine Sinne eng angepasst sind, und ihn in eine andere Welt versetzen Bereich jenseits der Sinne, ein riesiges Reich, das dem Physischen zugrunde liegen oder es überlagern soll und das der gewöhnliche Blick des Wissenschaftlers nicht wahrnimmt. Es erfordert keine Anstrengung der Vorstellungskraft, um die Existenz eines neuen Bestandteils der Atmosphäre zuzugeben. Es erfordert große Anstrengung, die Existenz eines neuen Bestandteils des Universums zuzugeben, eines riesigen spirituellen Substrats für den Bereich der Materie. Die Religion mit ihren idealen Prüfungen hat dies seit langem als Tatsache behauptet. Die Wissenschaft mit ihren strengen materiellen Tests stellt sie streng in Frage und verlangt, dass die Existenz eines bewohnten spirituellen Reiches durch wissenschaftliche Beweise unbestreitbar bewiesen werden muss, bevor sie akzeptiert werden kann.

Diese Forderung ist berechtigt. Die Welt wird immer wissenschaftlicher und die alte Methode, zu Schlussfolgerungen zu gelangen, verliert täglich an Kraft. Einst starke Überzeugungen, die auf idealen oder imaginären Postulaten basieren, sind jetzt schwach. Der auf alte Autoritäten gegründete Glaube ist immer noch aktiv, droht jedoch obsolet zu werden. Der Weg der Wissenschaft wird zum Weg der Welt, und in der kommenden Zeit werden intelligente Menschen zweifellos unbestreitbare Beweise für jede Tatsache verlangen, die sie akzeptieren sollen.

Was die fraglichen Phänomene betrifft, kann jedoch nicht gesagt werden, dass sie von Wissenschaftlern angemessen oder vollständig untersucht wurden. Sie wurden als das Werk von Scharlatanen hingestellt und ihre scheinbaren Ergebnisse auf Betrug, Absprachen, Leichtgläubigkeit und geistige Unvorsichtigkeit im Allgemeinen zurückgeführt. Die Tatsache, dass eine beträchtliche Anzahl der Wissenschaftler, die die spiritistischen Phänomene eingehend untersucht haben, diese als gültig akzeptiert haben, hatte keine Auswirkungen auf die Wissenschaftler als Ganzes, die in diesem speziellen Fall die Position einnehmen, die sie Nichtwissenschaftlern vorwerfen behaupten, Meinungen zu bilden, ohne Phänomene zu untersuchen.

Diese Haltung der wissenschaftlichen Welt gegenüber diesen problematischen Vorkommnissen ist durchaus nachvollziehbar. Während des gesamten 19. Jahrhunderts richtete sich die Aufmerksamkeit der Wissenschaftler fast ausschließlich auf die Erforschung der Formen und Kräfte der Materie, der Phänomene und Prinzipien des sichtbaren Universums. Damit betraten sie zu Beginn des Jahrhunderts ein nahezu jungfräuliches Feld, das sie mit großem Fleiß und mit bemerkenswerten Ergebnissen bearbeiteten. Es ist jedoch sehr wahrscheinlich, dass im 20. Jahrhundert den Phänomenen der Materie keine so uneingeschränkte Treue gezollt wird, sondern dass die Aufmerksamkeit der Wissenschaftler weitgehend vom physischen auf den psychischen Forschungsbereich gelenkt wird, was sich auch als richtig erweisen könnte ein weitaus umfassenderer und komplexerer Bereich, als wir uns derzeit vorstellen können.

Psychische Phänomene haben im letzten Jahrhundert einiges an Aufmerksamkeit erregt. Nach und nach drängten sich die Probleme des Hypnotismus, des unbewussten Denkens, des Doppelbewusstseins, der Telepathie, des Spiritismus und dergleichen, die zunächst alle als der Betrachtung unwürdig galten, der Aufmerksamkeit der Beobachter auf, und jedes von ihnen stellte sich als problematisch heraus Bedingungen, die durchaus einer Untersuchung wert sind. Bisher wurde diese Arbeit von gelegentlichen Einzelpersonen durchgeführt, aber die Zahl der Arbeiter in der experimentellen Hellseherschaft nimmt stetig zu und ihr Forschungsgebiet erweitert sich, und wir können mit Recht auf Ergebnisse gespannt sein, die denen der materiellen Forschung in ihrem Interesse nahe kommen, sie vielleicht sogar übertreffen.

Vor uns liegt eine ganze Welt, die des Geistes und seiner Phänomene, die an Interesse und Bedeutung der Welt der Materie völlig gleichkommt und ebenso zahlreiche und schwierige Probleme darstellt. Bisher wurde es größtenteils vom ideellen oder metaphysischen Standpunkt aus behandelt; Erst kürzlich wurde es einer physikalischen Analyse unterzogen, und bereits mit bemerkenswerten Ergebnissen. Im Laufe des vor uns liegenden Jahrhunderts wird es wahrscheinlich einen breiten und aktiven Kreis von Forschern anziehen, mit welchen Ergebnissen es unmöglich vorherzusagen ist. Nur so kann das Problem der Existenz oder Nichtexistenz eines spirituellen Lebens zur Zufriedenheit derjenigen gelöst werden, die eine wissenschaftliche Denkweise haben, und diese Lösung muss der Zukunft überlassen werden.

In der vorliegenden Arbeit beschäftigen wir uns eher mit der Vergangenheit des Menschen als mit seiner Zukunft. Der Gegenstand unserer Untersuchungen ist, woher der Mensch gekommen ist und nicht, wohin er wird. Wir sind zu diesen Bemerkungen lediglich als Ergebnis einer kurzen Betrachtung der Beziehungen des Menschen zum spirituellen Element des Universums geführt worden und schließen unsere Arbeit möglicherweise mit dem Hinweis ab, dass das Problem der menschlichen Evolution möglicherweise immens größer ist als das, um das es in der Studie geht der Abstammung des Menschen.

9 789359 258010